鄭緯筌 Vista Cheng ── 著

FEATURE·ADVANTAGE·BENEFIT

內容

用FAB法則套公式，
「無痛」寫出超亮點！

感動行銷

方言文化

CONTENTS

前言
歡迎進入內容行銷的時代

　　說到內容行銷（Content Marketing），您可能並不陌生。近年來，我們時常可以在電視、報紙或雜誌等主流媒體上看到這個名詞，或是曾在某些與行銷、銷售相關的行業論壇中看到相關的應用。如果您連上 Google 搜尋引擎，試著搜尋內容行銷這個關鍵字的話，更可以發現有高達五千六百萬筆搜尋結果。但是，您真的理解內容行銷嗎？

　　到底什麼是內容行銷呢？其實，這是一種透過創造與發布有價值的內容以吸引目標受眾的行銷技巧。但不同於傳統的廣告或行銷手段，內容行銷的重點在於與顧客建立長期往來的互動關係；所以，您也可以將內容行銷視為是一門與客人溝通，但不主動銷售的藝術。

　　嗯，聽起來好像有點玄？其實，內容行銷的做法就是只傳送有用的資訊，而不刻意推銷產品或服務──希望藉由與目標受眾持續對話、溝通的方式，潛移默化地改變其消費行為或習慣，進而產生對貴組織的好感與信任。

　　當然，除了撙節成本之外，內容行銷還有很多顯而易見的優點，像是：它可以幫助您獲得潛在客戶、提升品牌知名度、改善媒體關係以及縮短銷售週期。最重要的是，它可以給目標受眾帶

來很多的情報和樂趣。這也難怪根據美國內容行銷協會（CMI）的調查統計指出，已經有高達 91％的 B2B 品牌與 86％的 B2C 品牌開始擁抱內容行銷，可說是相當驚人！

　　無論您來自製造業、科技業、文創產業、民生消費產業、非營利組織或是公部門等不同的領域，如果能夠設定明確的目標受眾與內容策略，並產製有用的優質內容，再透過各種內容平臺和社群媒體來傳遞、分享的話……不但可以撙節廣告預算和行銷成本，有效統合內部與外部的各種資源，更能夠達成宣傳與銷售的目的。

　　要知道，在網路廣告費用持續上揚的此刻，各家企業或組織都必須學會「把錢花在刀口上」；因此，大家更能認同內容行銷的重要性，甚至可以認定它已然是當今行銷領域的一門顯學。話說回來，正因為內容行銷後勢看漲，所以如今每個企業、組織都必須專注產製獨特的內容；除此之外，許多強勢品牌，像是 BBC、可口可樂和樂高，近來也都紛紛建構了無比強大的內容行銷業務團隊。

　　整體而言，內容行銷不只是一種時尚、潮流的產物，更有其實際的價值與意義。舉例來說，由法國知名輪胎製造商米其林公司所出版的美食指南《米其林指南》，從 1900 年開始發行的時候，就因為內容豐富、詳實而受到廣大消費民眾的歡迎，如今已是一份擲地有聲的國際美食指南。《米其林指南》的成功自不待言，它不只是內容行銷的濫觴，每年出版的時候更牽動了無數商家和

粉絲們的心，可說是內容行銷領域的絕佳案例。

　　儘管坊間已經有不少關於內容行銷的報導、文章，但比較可惜的是相關主題的書籍卻不多見，特別是來自臺灣市場的觀點和論述往往付之闕如，也缺乏比較有系統的介紹。所以，我才會在 2017 年秋天成立「內容駭客」網站（https://www.contenthacker.today/），希望透過自己的角度來觀察與報導臺灣內容行銷領域的多元發展！

　　近年來，我時常在兩岸三地的企業與大學院校授課，許多學員和朋友都跟我反映：內容行銷的概念其實並不難，但是卻易學難精！因此，大家很希望能夠有一本可以放在案頭的參考書。嗯，我已經聽到了大家的心聲，繼 2018 年出版《慢讀秒懂：Vista 的數位好文案分析時間》之後，近期也開始撰寫內容行銷的書籍，也就是這本《內容感動行銷》，希望可以結合自己多年來的所學與經驗，寫成一本對行銷人有幫助的參考書籍。

　　我相信您如果看到這裡，應該表示對內容行銷有些好奇或感興趣吧？嗯，在此除了要感謝您的支持，我也期待在已經來臨的內容行銷新時代裡，可以與您一起結伴同行！

鄭緯筌

· CHAPTER ·

1

當「內容」
邂逅了「行銷」

1900 年首度出版的《米其林指南》，
被視為是「內容行銷」的濫觴，歷經百年發展，
新版甫一上市就能帶動全球億萬商機！
如今，全美九成企業都選擇投入內容行銷的行列，
您，還在等什麼？

您或許聽過內容行銷（Content Marketing），也可能對它感到有些好奇或不解？嗯，這大概也正是您之所以從茫茫書海之中，選擇翻開本書的原因之一吧？

說到內容行銷的核心，自然在於內容（Content）。而談起內容，您的腦海裡可能會浮現諸如圖片、文字、影音、動畫、簡報或資訊圖表等等不同型態的內容。

當然，我也相信，您一定聽過「內容為王」這句話！

但是，您可能不知道，優質的內容在當今這個年代，比起以往任何時候來得更加重要！道理很簡單，這是因為內容不但可以深入人心，更能夠扮演行銷發動機的角色。當大家愈來愈不喜歡被無聊的廣告轟炸的時候，反觀有用、有趣或有價值的內容，卻能夠贏得消費大眾的青睞……話說回來，這也是我們和目標受眾連結的最佳途徑。

▍風行二十年，大品牌的成功祕訣

對企業界來說，內容行銷不只是能夠促進產品、服務的銷售，也是許多公司行號得以對外創建品牌知名度、展示專業權威和建

立信任的有效方式。

有鑑於在當今的行動時代裡，廣大的消費者對於各種科技事物的操作和使用益發顯得嫻熟；相對地，他們對於產品、服務的各種想望與要求，可能也會變得更加複雜、多變，甚至有些嚴格。所以，在資源與預算有限的情況下，企業未必能夠持續地大量投放廣告，這時就更需要透過內容行銷的方式來抓住目標受眾的目光，進而達到吸引、激勵和轉換潛在客戶的目標了。

根據總部位於美國紐約的內容行銷協會[1]的調查，早在 2016 年的時候，就有超過九成的美國企業決定轉而擁抱內容行銷。有愈來愈多的公司計畫與內容行銷人員攜手合作，並在未來幾年跟上快節奏的數位世界一起狂歡；不誇張地說，這個世界上許多令人稱羨的傑出企業，像是蘋果、樂高、愛迪達和可口可樂等大型企業，早就已經開始使用內容行銷了！現在，您也想跟上這股趨勢、潮流嗎？

言歸正傳，根據維基百科的詮釋[2]，內容行銷有別於傳統的行銷方式，專注於為目標受眾（Target Audience）創建發布和分發內容。企業經常使用它來吸引注意力並產生潛在顧客或是擴大客戶群，或是藉此增加線上的銷售。此外，透過內容行銷的推波助瀾，也有助於提高品牌知名度和可信度，並可吸引網路社群的黏著。

「內容行銷」這個名詞最早於 1996 年開始被使用，後來在 1998 年的時候，開始有諸如「內容行銷總監」的職缺出現；不過，

有一點我必須先跟大家說清楚：那就是內容行銷的概念其實行之有年了，並非是最近這幾年才被創造出來的新玩意唷！

▍從免費贈閱到洛陽紙貴

舉例來說，1900 年於法國首度出版的《米其林指南》（Le Guide Michelin）[3]，就令人感到驚豔！多年來他們所推行的美食評鑑員、公正的食宿評價和星級評鑑等制度，讓這本美食旅遊聖經備受世人肯定，也被許多專家視為是全球內容行銷的濫觴。

從內容行銷的角度來看，《米其林指南》無疑也是企業自媒體的一種呈現型態──從一開始僅僅在法國境內免費贈閱三萬五千份，逐步對外拓展。歷經一百一十九個年頭的迭代，至今已成功在世人心目中樹立了美食、旅遊的權威形象。每年推出的新版《米其林指南》一問世就立刻被搶購，各國媒體也爭相報導，可說是「洛陽紙貴」。米其林從 2018 年開始發行臺北版的美食指南評鑑，也受到國人的高度重視。

根據內容行銷協會的說法[4]，內容行銷是一種戰略的行銷方法，專注於創建和分發有價值可透過傳達相關且一致性的內容，以吸引和留住明確定義的受眾。最終，並以推動有利可圖的客戶行為做為最高指導原則。

所以，我們也可以把內容行銷視為一門與客人溝通但不主動銷售的藝術。請參考右圖，當內容邂逅行銷，就有了雙向的對話。

當內容邂逅行銷

日本 INNOVA 股份有限公司社長，同時也是《內容的力量》[5] 一書的作者宗像淳，則把內容行銷定義為一種對「內容」產生共鳴的「行銷」。他認為所謂的內容行銷，就是吸引目標客群前來網站，使他們想進一步索取相關資料、購買產品或服務的行銷手法。

宗像淳指出，內容行銷就是透過製作出讓人感興趣與好奇的內容，讓人不知不覺間受到吸引，願意主動接近與了解產品。換言之，內容行銷就是以優質內容為餌，吸引潛在消費者上門的一種行銷手法。

更精確地來說，內容行銷是一種販賣體驗感受的行銷手法。而有別於傳統行銷的主動方式，內容行銷的操作手法與策略相

對來說更顯得低調、沉穩而細膩，而且更加重視廣大用戶的真實感受。

　　好比全球第一大能量飲料品牌紅牛（Red Bull），就深諳內容行銷的魅力。如果您打開 **Red Bull 的官網**（請參閱 Vista 傳送門 QR code），可能會直覺認為這是一個以音樂或運動賽事為主軸的網站，並不容易在上頭看到宣傳能量飲料的字眼。來自奧地利的紅牛能量飲料創辦人迪特里希·馬特希茨（Dietrich Mateschitz）就曾說過：「我們並不想把產品推銷給消費者，而是設法將消費者帶到我們的產品前。」

一個標語，成就全球熱賣商品

　　紅牛能量飲料很珍惜自己的品牌力量，而蘋果公司同樣地也十分理解他們帶給消費大眾的價值。

　　近年來，我常在為企業或大學院校所開設的文案寫作課，以

Vista 傳送門

Red Bull 中文官網。比起產品本身，閱聽眾會更先注意到品牌的價值觀，留下深刻印象。
https://www.redbull.com/tw-zh/

當年蘋果公司 iPod 的商品行銷文案為例，跟大家說明文字的力量有多麼地巨大！不只是讓大家充分品評蘋果公司的文案寫得如何？更要讓大家實際感受一番，究竟大家是對標榜容量高達 1 GB 的隨身聽播放器感興趣？還是可以「把一千首歌放進口袋」（1000 songs in your pocket）[6]，藉以陪伴自己三到五個小時的音樂時光更讓人有感？

話說回來，蘋果公司的商品文案自有高手操刀，能夠讓人看了立即心領神會。透過簡單的圖文配置，不僅傳達出一種簡單、酷炫和優雅的時尚感，更讓消費者得以沉浸在自己喜歡的音樂氛圍中，不至於受到外界的干擾。

經過我的非正式調查，顯然大家多半比較欣賞「把一千首歌放進口袋」的行銷溝通方式。這也證明了只要是簡單、易於理解且有價值的內容，便有助於讓人們感受其產品特性與品牌魅力，甚至能夠發現自己的困擾和需求，從而採取特定的行動（例如：購買、捐款、捐血、註冊會員或下載資料……等）。

此外，當報紙、雜誌、廣播和電視等傳統媒體的勢力逐漸式微，甚至開始在市場上失去主導力量的時候，網路的崛起和普及也順勢推波助瀾，有助於內容行銷成為當今主流的行銷模式。很多企業開始透過數位行銷的方式推廣和銷售他們的產品，而內容行銷則是箇中絕佳的行銷方案。

對這些企業來說，採行內容行銷主要可以帶來以下三個好處：

❶ 增加銷售金額

內容行銷的本意是傳達有用和有價值的資訊,所以儘管並非採取鋪天蓋地式的宣傳策略,同樣可以贏得客戶的尊重與重視,進而能夠提升貴公司的業績並增加訂單數量。

❷ 撙節行銷成本

內容行銷的主軸在於運用優質內容進行宣傳,而減少廣告費的支出,再加上某些內容可以重複運用,所以自然可以有效地節省行銷成本。

❸ 擁有更多高忠誠度的客戶

以米其林公司所推出的《米其林指南》或蘋果公司的商品文案為例,他們只傳遞有價值的內容給消費大眾,帶來的正面效果自然會隨著時間累積更多具有向心力的粉絲和客戶。

儘管在本節一開頭,我就提到內容行銷並非時興的產物,但很多專家、學者卻都一致認為內容行銷是當今行銷領域的重要趨勢,甚至是未來相關領域的主流。在這個社群年代裡,很多公司行號每天透過 Facebook 粉絲專頁、電子報發送廣告訊息,對用戶形成疲勞轟炸,但他們卻忽略(甚至不在乎)那些訊息是否對用戶有價值和意義,甚至還造成了大家的困擾。這樣,其實是得不償失的做法。

　　反觀內容行銷，主要的精神和宗旨就是「只傳送相關且具有價值的內容給用戶」，而這也是內容行銷和傳統行銷的最大差別。很多人被五光十色的廣告所迷惑，卻很容易忽略了一個重點，那就是倘若沒有優質的內容，是無法奢談行銷的！所以，我們必須理解，優質內容是所有行銷方式中不可或缺的一環，即便不特別談內容行銷，大家也不能忽略這一點。

　　至於要怎麼從事內容行銷，我會在未來的章節中再仔細為大家進行解說。在這邊，先簡單地跟您分享幾個關鍵的要素：

　　首先，要展現您的專業素養。眾所周知，美食類的內容最讓人無法設防，也可說是內容行銷的好幫手。舉例來說，網路上有一位擁有十年以上料理經驗的聖凱師相當知名，他透過 Facebook 粉絲專頁[7]以及 YouTube 頻道[8]的影片貼文，再搭配銷售頁的宣傳，全力行銷旗下的餐廳、宅配菜餚和廚具，可說是成效頗豐。

　　其次，要樂於分享和關心客戶。以 486 團購網的創辦人「486 先生」[9]陳延昶為例，他除了提供商品情報給網友們，也常以影音直播或撰寫部落格的方式來分享一些故事，比方**打造友善媽媽的工作環境**，就讓人看了覺得這家公司很有人情味。單親家庭出身的他樂善好施，很早就開始捐贈經費、物資給多家育幼院；2018 年春天，更曾一次捐出一千萬元給「臺大兒童健康基金」，做為提升兒童醫療品質的用途。很多人只看到「486 先生」擅長用影音內容行銷，締造驚人的業績，殊不知客戶也會將他平時熱心公益、關懷員工的形象，與該網站所販售的商品、服務進行連結。

Vista 傳送門

「486 先生」用心打造友善媽媽的工作環境，也為自己的品牌樹立了良好形象。
https://www.facebook.com/KK486/
videos/2174917212565847/

　　最後，請謹記只傳達有價值的內容。如果能分享有用的資訊給消費大眾，不僅容易引發共鳴，也可贏得好感和拓展品牌形象。像是由林靜如女士所主持的「律師娘講悄悄話」[10]社群，近年來積極經營部落格、Facebook 粉絲專頁與 LINE 官方帳號；她時常跟大家分享許多生活法律的小常識，也讓很多人克服對於法律的恐懼，進而理解諸多看似艱深、複雜的問題。

　　如今，她不但順利出版《說好的幸福呢？：律師娘的愛情辯護》[11]等書籍，也成功打造了個人品牌，從一位律師娘，轉型成為作家、講師和網紅。更棒的是她也得以用律師娘的身分，來襄助夫婿所經營的律師事務所業務，可說是相得益彰。

　　我相信透過以上這幾個實際案例的解說，現在您應該可以理解內容行銷的真諦了！

2 我們為什麼需要「內容行銷」？
六大商業目標，這方法一次滿足

在本章的第一節，我跟您談到了何謂內容行銷？我想，現在您應該對它有一番基本的認知。

但您接著可能會問：為什麼內容行銷很重要？何以現在連許多的知名企業都爭相研究和採用呢？嗯，現在就讓我來跟大家分析一下。

對於耳聰目明的消費者來說，他們討厭無聊轟炸的廣告，卻很期待業者可以提供有關產品和服務銷售的關鍵訊息。除此之外，內容行銷可以協助企業組織建立信任感——當您分享的資訊愈多，用戶也就愈了解您，自然就很容易建立信任關係。要知道，信任感的建立固然需要時間的積累，但養成之後卻可以驅動目標受眾，讓他們自動轉變為貴公司的客戶。

當然，創建和分享獨特的內容，不只是有利於推動內容行銷，更能夠幫您奠定專業形象與權威。當有更多人透過您來了解產業情報，或是藉此搜集與產品、服務銷售有關的更多資訊時，您將很自然地成為行業內可靠的訊息來源。

透過內容行銷的運作，不但可以幫助企業建立品牌意識和吸引新客戶，更能夠協助潛在用戶做出購買決策。特別是資訊性的內容，相當受到大家的喜愛，也有助於目標受眾能夠做出明智的

決策。所以，只要您用心創建足以詮釋產品、服務價值與優勢的內容，自然可以帶動業績的成長。

▌省成本更吸粉！《國家地理》的成功之道

好，現在您可能也認同內容行銷很重要，但是問題又來了！天底下有各式各樣的行銷方法和商業模式，為何我們一定要從事內容行銷呢？

大家都知道，近年來 Facebook 的廣告費節節高漲，偏偏粉絲專頁的觸及率又不斷下滑……無獨有偶，即時通訊軟體 LINE 之前也宣布，LINE 官方帳號 2.0 計畫自 2019 年 4 月 18 日起，將 LINE@ 生活圈、LINE 官方帳號、LINE Business Connect 以及 LINE Customer Connect 等產品進行服務及功能整合，並將名稱取為「LINE 官方帳號」。從 2020 年 3 月 1 日起推出全新官方帳號，並採低、中、高用量分級收費。換言之，收費方式將從以前的「吃到飽」改為「以量計價」，這個改變也讓許多的媒體、電商業者和網紅紛紛大喊吃不消！

您可曾想過，當廣告費用愈來愈貴，成效卻愈來愈不理想的時候，貴公司的行銷策略該何去何從呢？

為了因應流量變貴這個不可逆的事實，於是有的業者考慮斥資開發 App，也有些公司預備回頭經營官網、部落格和電子報。在我看來，2019 年的行銷策略開始回歸本質；除非有雄厚

的資本做為後盾，否則就必須有其他的因應對策──發展內容行銷，就不啻為一種有效而務實的方法。所以，我也發現有愈來愈多的企業開始意識到內容的重要性，所以開始投入資源建立自家的內容。

相對於傳統的行銷方式，內容行銷的重點在於長期與顧客進行交流，傳遞有價值的內容，並維持良好的互動。好比創立於 1888 年 10 月的《國家地理》（National Geographic），可說是媒體產業的百年老店。他們在媒體經營面臨進退維谷的瓶頸時，毅然地走出另外一條蹊徑，該公司所經營的 **Instagram 帳號**，成為全球第一個追蹤人數突破一億的品牌帳號。

《國家地理》的成功關鍵不只是提供精美的圖文內容，更可貴地是願意放下身段，積極與社群粉絲互動，並且讓多達一百三十幾位的合作攝影師擁有權限得以共同維護帳號，以便隨時隨地可以直接跟粉絲們分享精彩的照片與影音內容。

現在，我想您應該不難理解：內容行銷是一種藉由不斷產出高價值，並與顧客維持良性互動的一種行銷方式。透過傳送有用、

Vista 傳送門

《國家地理》的官方 Instagram，每天提供精美的圖文內容，吸引全球超過一點二三億人追蹤。
https://www.instagram.com/natgeo/

有趣或富有價值的資訊來吸引廣大客群，不但可以撙節成本，更可提高行銷的效益。

▋採用內容行銷的三大理由

為什麼世界各國的企業、非營利機構或公部門，都需要採行內容行銷呢？我們可以從幾個面向來探討：

1 客戶可在銷售之前先行體驗

根據國外的統計，有高達 93% 的網路用戶，他們上網的體驗都是從使用搜尋引擎開始。[12] 從事內容行銷，誠然有很多的企業會運用官網、部落格、YouTube、Facebook 以及 Instagram 等社群媒體來分享相關內容，而這些資訊都很容易被 Google、Bing 或 Baidu 等各國的搜尋引擎所收錄。所以，企業從事內容行銷的第一個好處，就是可以把自家產品、服務的優點攤在陽光下。此舉不但可獲得曝光，更有機會讓潛在顧客率先感受和體驗；一旦他們感受到您的好，自然也就有機會變成貴公司的客戶了。

2 吸引優質的潛在顧客

內容行銷協會指出，透過內容行銷所獲得的有效名單質量是傳統廣告方法的三倍以上。[13] 這讓我想起在網際網路發展初期，有不少公司行號都會買工商名錄的往事。當時很多人買了一整張

號稱載滿各種 E-mail 名單的光碟，但買回來之後才發現上當，裡頭多半都是無效名單。如今，借助內容行銷（好比：免費參加線上研討會、贈送白皮書、訂閱電子報和收聽播客〔Podcast〕等）的技巧，就可以讓我們與潛在顧客保持緊密的互動；即便銷售的時機尚未成熟，還無法順利成交，但仍可透過分享有價值內容的方式來吸引這群人。當然，只要您持之以恆，這些人最終都有可能轉化為您的優質客戶。

3 對搜尋引擎最佳化的融合與影響

　　根據維基百科的介紹，搜尋引擎最佳化（Search Engine Optimization，縮寫為 SEO）是一種透過了解搜尋引擎的運作規則來調整網站，以及提高網站在 Google、Baidu 或 Bing 等搜尋引擎內排名的方式。[14] 由於不少研究發現，網友往往只會留意搜尋結果最前面幾個條目，所以不少網站都希望可以影響搜尋引擎的排序，讓自家網站可以有優秀的排名。如果您也想提升網站的搜尋排名，不妨參考 Ascend2 的資訊，該調查報告指出投入相關內容的創作，其實是最有效的搜尋引擎最佳化策略。[15] 換言之，只要我們不斷創建新內容，或是透過回答問題等方式來提供有用資訊，網站就有機會獲得更高的排名。

　　祖籍印度的美國知名數位行銷專家尼爾・巴德爾（Neil Patel）[16] 曾指出，搜尋引擎最佳化和內容行銷的確存在一些差異，但也有很多重疊的地方；簡單來說，前者很重視內容，而後者的

核心恰巧就是內容。[17] 如果您想要增加網站內容被搜尋的機率，可運用主題群集（Topic Cluster）的方式來加強文章的組織架構，使之更為結構化，進而得到搜尋引擎的青睞。[18] 好比以某個主題或關鍵字當作中心主題頁（Topic Pillar），搜集整理與該主題相關的次要主題（Subtopic），然後透過網路鏈結串連起來，形成一個主題群集，可產生彼此曝光和拉抬的效果，也能夠更容易被搜尋引擎收錄。嗯，有關主題群集的具體做法，我會在後續的章節再為大家介紹。

▌建立好形象，提升顧客留存率

　　從以上三個原因來探究，我們就不難理解為何有愈來愈多的企業，開始透過提供實用、有趣等有價值內容的方式，和潛在顧客建立了融洽且緊密的互動關係。同時，採行內容行銷也可順勢在潛在顧客的心中建立貴公司的品牌形象，可謂一舉兩得。不同於傳統比較強硬或主動的銷售方式，內容行銷改弦易轍地運用影響力來感動客戶，進而促進商機和事業的發展，也符合當今廣大消費者的意向偏好。

　　您還記得本節一開始，我曾提到現在網路廣告費用節節高升的現象嗎？先前，蝙蝠移動暨烏龜移動的執行長許禾杰就在媒體上撰文指出：「很多品牌商不斷地投放廣告、挖掘新客戶，卻忽略了經營舊會員的重要。」[19]

　　這段話聽起來鏗鏘有力，也反映了產業界的真實面貌。而這一切，彷彿呼應了區塊鏈資產交易平臺 OTCBTC 執行長鄭伊廷在 2019 年 2 月下旬的新書講座上的說法。[20]

　　她表示，前幾年在美國矽谷所流行的成長駭客模型，如今許多企業已不再依循 AARRR（攬客、激活、留存、推薦與收益）[21] 的順序，而是把經營重心放在既有客戶的留存（Retention），所以現在的成長駭客模型應該要改為 RARRA，也就是以留存為最主要的指標。[22]

　　這也如同 Reforge 公司[23] 創辦人暨執行長布萊恩・巴爾福（Brian Balfour）[24] 所提及，我們應該優先重視真正能夠反映企業整體真實成長情況的指標。而留存率，恰好是反映用戶真正價值的指標。

　　唯有為客戶提供價值，方能讓他們願意不斷地回訪，樂意接受您的產品、服務——而這一點，也正好是內容行銷的強項！

　　數位驅動品牌公司（Brand Driven Digital）的首席品牌策略師尼克・威斯特卡德（Nick Westergaard）曾在《哈佛商業評論》撰文指出，內容行銷能夠完成六個商業目標。這六個目標，包括：打造品牌、建立社群、公共關係、顧客服務、開發潛在顧客與創造營收。[25]

　　回頭來看，我認為這六個商業目標的存在，恰好也說明了企業界為何需要內容行銷。

3 不只讓顧客看見你，更要他們愛上你

在開始談內容行銷和傳統行銷的差別之前，不妨讓我們先來複習一下行銷的定義吧！

根據維基百科引述 1985 年美國行銷學會（AMA, American Marketing Association）[26] 的定義：行銷管理乃是一種分析、規劃、執行及控制的一連串過程，藉此程序以制訂創意、產品或服務的觀念化、訂價、促銷與配銷等決策，進而創造能滿足個人和組織目標的交換活動。[27]

簡單來說，行銷的目的，無非就是想要影響消費者的消費決策，讓他們可以很快地想起貴公司的品牌，進而願意遵循行動呼籲（Call To Action）來進行購買、下載與捐款等行動。以往，各企業的行銷人員會透過報章雜誌、電視與廣播等媒介的廣告來接近消費大眾；但伴隨時代演進與科技的日新月異，現代的消費者已然升級成為更聰明、睿智的購買者了。

▎面臨轉變的行銷思維

在當今這個年代，耳聰目明的消費者無論是要聚餐或購物，大家都懂得事先上網查詢口碑和評價，也可以由自己決定到底要

關注哪些媒體、閱讀哪些報導，或是接收哪些資訊和廣告。所以，在這個社群媒體盛行的時代，以往行得通的傳統行銷手法似乎有些綁手綁腳，甚至發生施展不開的現象，而踢到鐵板的頻率大增，自然也有不少公司行號和組織開始改弦易轍，思考諸如內容行銷等其他的行銷手法。

箇中的道理其實很簡單，這是因為內容行銷的概念，旨在吸引消費者的注意，而不是依賴強迫推銷來增進消費大眾的記憶。

事實上，內容行銷本身也不斷地演進、迭代 ── 大約在2008、2009 年的時候，很多人把部落格視為內容行銷的同義詞，認為內容行銷就只能透過文章進行宣傳、曝光；但在十年後的今天，行銷人員可以運用的元素相當多，從文章、圖像、影音、問卷測驗、社群媒體貼文、動態 GIF 圖到電子報，甚至是 **T 恤上的獨特設計樣式**，都可以用來做為內容行銷的素材。

根據美國內容行銷協會和 MarketingProfs 網站所聯合推出的「2019 年 B2B 內容行銷報告」指出，有多達 58％的行銷人員表

Vista 傳送門

看看來自歐洲的「舷梯 T 恤」（Ramp T-shirts）行銷團隊，如何藉由 T 恤的樣式設計，獲得熱烈的市場迴響。
https://www.contenthacker.today/2019/01/ramp-t-shirts.html

示他們在 2018 年所投入的內容產製，遠比 2017 年來得更多。[28]
換言之，有愈來愈多的商家開始意識到，透過傳遞有用、有趣和
有價值的內容，可以吸引消費大眾的目光；因此，許多企業願意
投資人力、物力等資源在內容布局與產製上頭。

　　至於大家所熟悉的傳統行銷呢，難道就一無是處嗎？其實也
不然！

　　傳統的行銷方法，多半會著重在廣告的曝光上。主要是大量
運用平面、電子等媒體的滲透力道，透過報章雜誌、電視媒體廣
告、廣告傳單或產品發表會等方式，將各種廣告投放給廣大的消
費族群。

　　如果我們把內容行銷比喻成是一種步調比較我行我素的緩
慢、自在的行銷方式，那麼傳統行銷的節奏，顯然就會來得比較
主動和明快。無論消費者是否會對這些廣告訊息感興趣，行銷人
員依舊會大肆推銷他們的商品或服務。

　　談到內容行銷和傳統行銷的具體差異，我們可以從以下這幾
個層面來進行探討：

▎主動選擇 vs. 被動選擇

　　眾所周知，內容行銷是一種透過創造與發布有價值的內容，
以達到吸引目標讀者，並與其互動，最後使其採取行動的行銷技
巧。所以，運用內容行銷的最高指導原則，就是讓客戶得以保有
一定程度的主動權，能夠選擇接收自己感興趣的內容。反觀傳統

行銷的模式，通常來得主動、直接甚至粗暴，鋪天蓋地的促銷廣告迎面而來，往往讓人難以遁逃，沒有說「不」的權利。

2 數位媒介 vs. 傳統媒介

內容行銷慣常採用的媒介，包括：部落格、電子報、播客（Podcast）、資訊圖表（Infographic）、網路研討會（Webinar）、文案、影音與電子書等。而傳統行銷偏好運用的媒介，則包括：電視廣告、廣播廣告、報章雜誌廣告、廣告 Banner、簡訊、傳單、別冊與告示牌等。就我的角度來看，其實使用哪種媒介倒沒有高下之分──數位媒介未必就比傳統媒介來得好，主要還是得看業者鎖定哪些目標受眾，而選擇的關鍵就是在於「有效」。

3 內容導向 vs. 銷售導向

推動內容行銷的做法可以不受侷限，甚至採取多元的創意。我們可以透過有趣、有用的資訊來潛移默化，增進消費者對於某個產業或公司的認識與理解，進而指引他們做出正確的購買決策。而傳統行銷因為是以商品、服務的銷售為依歸，所以主要會提供相關的資訊給消費大眾，比較不會提到不相關或服務以外的訊息。

4 擁有受眾 vs. 租用受眾

想要贏得消費大眾的青睞，可說是世界各國的企業、機構或

組織的共同心願。內容行銷的做法很簡單,就是讓消費大眾可以根據需求來自主查詢貴公司所提供的內容,這也意味著他們樂於成為您的目標受眾。

至於傳統行銷,主要是向現有受眾所匯聚的媒體平臺付費,以便將消息傳遞給使用這些平臺的用戶。租用受眾的優點,是可依照預算進行廣告投放,但缺點則是這些受眾終究不屬於貴公司所有──換言之,一旦廣告檔期結束了,貴公司的產品、服務等相關訊息也就不會再出現在眾人的面前了。

伴隨資訊科技的日新月異,加上社群媒體時代的來臨,消費者不但變得更加耳聰目明,獲取資訊的方式和管道也變得更為多元!因為消費行為與習慣的改變,也會讓傳統行銷的挑戰愈來愈嚴苛。這不但是顯而易見的趨勢,也是所有行銷人必須認知的事實。

用「好內容」突破傳統行銷困局

整體而言,傳統行銷的特性比較偏向單向式、間接性和多階層的宣傳方式,業者希望透過大量曝光的方式,來增進與潛在顧客接觸的機會。透過刊登廣告的方式,商家的曝光率高、市場相對集中,客戶也會比較容易找到喜歡的產品、服務。

不過,傳統行銷方式也有一些令人詬病的缺點,像是:

1 **傳統廣告：無法精準投遞給目標客群。**

2 **單向行銷：無法預期顧客的喜好與迅速得到回應。**

3 **預算增加：通常需耗費不少廣告經費，卻難以追蹤成效。**

　　傳統行銷人員習慣將某些商品或服務的訊息放在目標客群的面前，並希望這些客戶能夠購買。這種做法本身當然沒有不對，只是時序已經進入二十一世紀，在這個消費意識抬頭的年代，這種行銷手法可能不太討喜。

　　傳統的行銷活動看起來比較靜態，一旦啟動了平面或電視廣告，就很難在過程中進行調整；往往必須等到整個活動結束之後，行銷人員才能開始分析結果，並改進他們的策略。反觀內容行銷人員可以透過數據洞察報告，以及和目標客群之間的互動情況，得知哪些內容策略奏效？並可機動性調整內容方向和配置廣告預算，並在這些策略中投入更多時間和精力，以獲得更好的結果。

　　換句話說，採用傳統行銷方式的業者，的確比較不容易得知消費大眾對商品、服務的想法，而獲得意見回饋的機會也相對少些。至於內容行銷，可以幫助商家與潛在顧客進行對話，透過持續與目標客群分享有價值的內容，不但有助於提升企業的品牌形象，也能拉近商家與客戶之間的距離。

　　另外，眾多公司行號在選擇行銷策略的時候，成本自然也是另一個相當關鍵的考慮因素。

　　根據美國知名的商業雜誌《富比士》（Forbes）所引述

DemandMetric 的資料[29] 顯示，內容行銷的成本，比起傳統行銷低 62％，更重要的是轉換率可以高出大約三倍。[30] 隨著內容行銷的崛起，行銷自動化和相關技術將會降低業者在投放廣告上的浪費，此舉也有助於業者投入正確的內容產製。

最後，我再幫大家整理一下有關傳統行銷和內容行銷的差別，請參考下表：

	傳統行銷	內容行銷
成本	廣告投放，通常需要耗費較多的預算。	內容產製也需成本，但相對可以調控。
目標	建立品牌形象。 促進商品銷售。	建立品牌形象。 提升搜尋引擎排名。 增進社群媒體曝光。 提高轉換率。
媒體	報紙、廣播、電視、傳單、告示牌、別冊等。	部落格、電子報、播客、資訊圖表、線上研討會、文案、影音與電子書等。
績效指標	收視率、流量、訂單數量等。	潛在顧客名單、網站連結與曝光、社群媒體分享次數等。

傳統行銷和內容行銷的差別

看完本節的介紹之後，您應該對傳統行銷和內容行銷有更深入的理解了！往後當您需要從事行銷活動的時候，會選擇哪一種方式呢？

其實，這並沒有標準答案喔！雖然本書很鼓勵大家可以嘗試加入內容行銷的行列，但並不表示您就應該忽略市場上既有的傳統行銷模式。話說回來，一位優秀的行銷人員要懂得審時度勢，能夠充分整合各種行銷資源和媒體，制定全通路（Omni Channel）的行銷策略，並結合傳統行銷和內容行銷的獨特優勢，方能為企業與客戶開創最大的優勢與利益。

是的，內容行銷誠然是現今行銷領域發展的重要趨勢，但我們也別忘了傳統行銷與廣告模式的優點哦！

CHAPTER

2

[動筆之前，
不可或缺的「策略藍圖」]

內容行銷要能發揮功效，光有優質內容是不夠的。

您必須走入人群，深入了解您的目標受眾。

如果您只是坐在電腦前憑空想像，

沒有思考潛在客戶的需求與動機，

又怎能期待對方買單我們的好商品呢？

根據內容型態，擬定專屬策略

1 六種關鍵內容型態，決定創作方向

　　根據維基百科的詮釋，「內容策略」是指內容產製過程中的規劃、開發與管理。從 1990 年代末期，就常在一些網路的相關領域中見到「內容策略」這個名詞。所謂的「內容策略」隸屬於用戶體驗設計的一環，自然也與資訊架構、內容管理、商業分析、數位行銷和技術交流等領域息息相關。

　　換言之，我們之所以需要擬定「內容策略」，其實也就是為了創建、發布和管理有用的內容做準備。在為您解說如何擬定「**內容策略**」之前，我想先跟大家介紹一些關鍵且好用的內容型態。

　　眾所周知，有價值的內容可以幫助貴公司在目標受眾面前建立信任和權威，並可透過展示您的專業知識為潛在顧客提供各種

Vista 傳送門

想要對「內容策略」有更深入認識？ Vista 推薦從 The Discipline of Content Strategy 這篇好文看起。
https://www.contenthacker.today/
2019/01/developing-a-content-strategy.html

解決方案。但是，我們究竟應該選擇哪些型態的內容來跟目標客群溝通呢？除了經營 Facebook 粉絲專頁、Instagram 帳號、撰寫部落格文章或是拍攝影音直播之外，是否還有其他的方法呢？

嗯，這個答案當然是肯定的。接下來，就讓我來跟您分享：究竟目前有哪些常見的內容型態，特別適合運用在內容行銷的範疇中？

▍功能多又方便搜尋──部落格

第一個要跟大家介紹的內容型態是部落格（Blog）。我知道，也許您會覺得好奇，現在不是都已經進入社群媒體的年代了嗎，為何還要經營部落格？我們不是應該在 Facebook 或 Instagram 上頭，發表各種吸睛的社群貼文嗎？為什麼還要回過頭來寫部落格呢？

其實，部落格從來未曾退流行唷！根據國外媒體的調查，目前全球總計有超過十六億個網站，其中有超過五億個網站是部落格，而每天有超過兩百萬篇部落格文章，顯見部落格並沒有因為 Facebook、Instagram 或 Twitter 等社群媒體的崛起而式微。相反地，部落格的結構在推動搜尋引擎最佳化的時候占有優勢，部落格文章不但遠比 Facebook 來得容易搜尋，撰寫時相對也比較簡單，並且容易看到成效。只要您在部落格中建立具有權威的專業內容，就可以從其他的社群獲得更多的流量，從而獲得更好的

搜尋排名。所以，我特別建議大家可以投注一些資源和心力來經營部落格。

很多上過文案課的學生曾經問過我，每篇部落格文章的長度大致為何？要寫多少字比較合適呢？這其實並沒有標準答案，一般來說，部落格文章的篇幅大多落在八百字到一千五百字之間，可以再搭配一兩張特色圖片或嵌入一段影片。但如果以針對內容行銷的目的來說，具有實用性的長篇內容也相當受到歡迎，大家仍有耐心看完。舉例來說，國外科技網站 Moz 上頭有一篇談論網站搬遷指南的教學文章[1]，就長達一萬七千字，但因為這篇文章相當實用，所以還是有相當多網友閱讀和分享。所以，我認為字數多寡並非重點；換言之，若能撰寫具有價值的專業長文，不但可以為您的網站帶來更多的流量，也能夠在社群媒體獲得更多的曝光。

另外，近年來我也發現有些部落客、網站站長會集結若干主題相近的文章，除了規劃主題群集頁面，也會以電子書的方式對外發布，並藉此搜集潛在客群的電子郵件名單。我覺得，這也是一種快速創建內容的好方法，不但能夠幫助客戶解決問題，如果整體的版面和內容編排得宜，還可以透過電子書獲得不少有效的電子郵件名單。

▍網紅首選──影音

其次要介紹的內容型態，則是大家都很熟悉的影音。現在收

看直播，幾乎已經是司空見慣的事情，很多人都不看電視了！我也發現，有愈來愈多的企業老闆或經理人開始製作影音節目，甚至自己當起網紅來了！根據 Google 的調查，影音不但是時下最受行動裝置用戶歡迎的內容型態之一，更是年輕世代最願意信賴的資訊來源。也有 81% 使用影音行銷的機構表示，影音為其帶來了銷售量的增長，顯見現代人對於影音內容的信任與依賴。

如果您有興趣透過影音從事內容行銷的話，可以考慮採用以下的方法：第一個方法，透過 Facebook 或 YouTube 等現成的平臺來進行直播，向人們介紹貴公司的業務或相關產品。第二個方法，自行拍攝影音內容，藉此展示貴公司的產品或服務的特性、功能。第三個方法，也可以拍攝教學影音內容，為目標受眾提供相關的操作說明。

▎訊息可視化──資訊圖表

第三個要跟大家介紹的內容型態是資訊圖表（Infographic）。資訊圖表是一種將資訊轉化為圖像的表達方式，旨在快速、清晰地將有意義的訊息、數據或知識進行「可視化」。透過圖像化的溝通、傳達，可以讓人們很輕鬆自在地閱讀，並且能夠一眼看懂艱深的報告重點或統計數字。當然，也基於資訊圖表特別容易擴散和分享的特性，所以也很適用於媒體公關及行銷的範疇哦！

這幾年，我也看過很多單位所設計的資訊圖表。我發現很多

人會把資訊圖表弄得很花俏，其實他們搞錯了重點！要知道，資訊圖表的設計重點，不應該只是聚焦在圖像元素上頭，更需要讓您的圖表具有吸引力和自然詮釋的能力，最重要的是必須提供有用且可靠的資訊來源。如果您並不擅長美術設計也沒有關係，坊間有很多業者提供好用的設計工具，我們可以藉由 Canva[2] 或 Piktochart[3] 等業者提供的線上服務來設計資訊圖表。當您開始著手設計的時候，除了要記得說一個好故事之外，也請別忘了賦予這張資訊圖表一個簡單、好記的標題唷！

▍權威級的關鍵報告──白皮書

接下來，第四個要跟大家介紹的內容型態是白皮書（White Paper）。白皮書通常是指具有權威性的報告書或指導性文本作品，用以闡述、解決或決策。而白皮書和個案研究，可說是贏得新業務最有效的內容行銷形式之一。透過案例說明和大量資訊的解說，不但能夠幫助貴公司吸引目標受眾，更可望在他們的心目中建立強大的信任感和權威性，同時還可突顯貴公司與其他競爭者的具體差距，進而擴大競爭優勢。

另外根據《富比士》的調查，有高達 79％的 B2B 買家會與同事分享他們從廠商網站所下載的白皮書[4]，顯見一份設計精良的白皮書，是會讓人愛不釋手的。白皮書的重點其實並不在於行銷和宣傳等用途，相反地，白皮書的用途是幫助目標受眾有效地

解決問題。所以，即便白皮書裡面並沒有置入太多的硬性銷售理念，多半仍能夠有效地達成使命。

　　一份能夠被大眾廣為接納和流傳的白皮書，篇幅其實不用太多，大約只需要六到十頁即可。重點是這份白皮書得要專注於某個關鍵領域，並提供具有可信度的統計數據、圖表等資訊。同時，還要置入行動呼籲（Call to Action），讓讀者知道看完白皮書之後的下一步可以做些什麼？

▍短小精悍流通快——簡報

　　第五個要跟大家介紹的內容型態是簡報。這是相當有用的一種內容型態，我相信這也可能是大家最為熟悉的一種內容形式了，畢竟大家從小到大一定都製作過無數的簡報！您可以透過圖文並茂的方式，將產品簡介、教育訓練內容或任何有關產品、服務的情報，都轉製成圖文並茂且易於閱讀的簡報。當然，您也可在簡報中置入影音片段，讓簡報更吸睛，也更具有說服力！

　　製作好圖文並茂的簡報，請記得上傳到 SlideShare 平臺[5]，如此一來不但可以為貴公司網站帶來流量，也能夠增加 Facebook 的粉絲數量。另外，由於 LinkedIn[6] 已經在 2012 年 5 月收購了 SlideShare 這個簡報分享平臺，所以我也建議您記得去更新您或貴公司在 LinkedIn 網站上頭的資訊。如此一來，不但可以多一個得以進行宣傳的管道，也有機會能夠帶來連動的行銷效果哦！

專業人士都這樣進修——網路研討會

第六個要跟大家介紹的內容型態是網路研討會（Webinar）。網路研討會又稱為線上研討會，常見的英文名稱包括：Online Seminar、Web Seminar 或是 Webinar 等。簡單來說，這是一種利用串流媒體技術，整合視訊、音訊或簡報的一種行銷方式，可以協助企業把想要對外發布或推廣的訊息傳達出去。雖然網路研討會在臺灣還不是很普遍，但在國外卻相當流行，同時也是一種極為出色且有效的內容行銷的方法。根據 ReadyTalk 的調查，參加網路研討會的人群之中，有 20％到 40％會成為潛在客戶，想想比例也真的非常高。

根據 B2B 內容行銷平臺 BrightTALK 之前所做的一項調查發現，有高達 91％的專業人士認為參與網路研討會很有效，同時也是業界人士最佳的學習形式。[7] 其中，還有超過 54％的受訪者表示，他們每個禮拜或每天都會參加網路研討會……嗯，這個比例可說是相當高。

BrightTALK 的執行長兼共同創辦人保羅・赫德（Paul Heald）就指出：「隨著科技的日新月異，可以運用線上對談與直播活動等型態，促進網路研討會的效率與多元化……」這番話，也讓我印象深刻。

一般來說，網路研討會除了可以透過影音或演示文稿來傳遞專業資訊，還可以和遠端來賓進行簡短的問答環節。透過網路研

討會的進行，除了可以幫助您展現專業素養之外，還能夠藉此示
範貴公司的產品和服務，可說是一舉兩得。坊間也有不少類似的
數位工具可茲運用，您不妨花點時間做些功課。以 Zoom[8] 這款
軟體來說，就可以免費為最多一百位的與會者舉辦四十分鐘的線
上會議，可說是非常方便又划算的解決方案。

正確設定目標受眾（Target Audience）

2 把握「核心客群」，不必討好所有人

在本章的第一節之中，我簡單地為您介紹了何謂「內容策略」，以及適合用來推動內容行銷的幾種內容型態。

接下來在這一節裡，我想跟大家談談在擬定「內容策略」之前，為何需要先行設定目標受眾？以及我們該如何設定呢？

▌認清目標受眾，看見市場需求

我相信，在許多談論市場行銷或廣告公關的場合中，您一定時常可以聽到 TA 這個名詞吧？甚至，您會看到某些業界人士張口閉口都是滿滿的 TA。嗯，究竟什麼是 TA 呢？

根據維基百科的介紹，目標受眾（Target Audience）又可稱為目標顧客、目標群體或目標客群，簡單來說就是任何一個行銷活動中所鎖定的人口群體。[9] 目標受眾既可以是某一個人口群體，好如某個年齡層的人士，或是特定的性別與婚姻狀況等等。但有的時候，目標受眾也會包括幾個不同的人口群體，甚至是鎖定一群擁有相仿價值觀、興趣與專業的族群。好比如果您要販售一套高檔的機器人玩具，除了可以針對喜歡搜集玩具的上班族，也可以鎖定親子市場。

　　無論是市場調查或行銷，通常必須先決定產品或服務的適當受眾，然後才能進入下一個步驟。舉個例子來說，阿里巴巴集團創辦人馬雲當年在創立淘寶網的時候，就鎖定了那些非常年輕又喜歡時尚的族群，希望在最短的時間之內可以觸及這群人，並提供平價又好用的商品給他們。後來，如同大家所知道的，以馬雲為首的「十八羅漢」[10] 順利地打造了一個傲視全中國的電子商務王國。

　　言歸正傳，目標受眾的設定之所以重要，是因為我們必須知道自己跟誰在對話？然後，還得知道哪些族群會需要我們所提供的產品或服務？他們會在某個特定的時間或場景，需要使用這個產品或服務？以及，可以為他們帶來什麼樣的好處？話說回來，如果我們希望內容行銷得以發揮效用，光是產製優質內容還不夠，首要之務就是要設定明確的目標受眾，然後再根據他們的需求來客製內容。

　　想要了解目標受眾，第一件事就是要走入人群，不要只是坐在電腦前憑空想像，這樣發想出來的結果往往會和真實世界有很大的偏差。很多人寫文案，只是從自家公司的角度或立場出發，卻沒有思考潛在客戶的需求或動機……嗯，這樣又怎能期待對方會買單我們所端出的好商品呢？

　　舉例來說，假設貴公司最近計畫推出一款造型新穎的義式咖啡機，您光是坐在辦公室裡空想，是難以真正理解目標受眾的需求。唯有真正地進入各種不同的場景之中，才有辦法觀察實際的

市場需求。究竟是哪些族群會特別需要這款咖啡機呢？

是金字塔頂端那群擁有品味的貴婦、企業老闆？還是一般公司行號裡的中、高階主管？或者是特別需要咖啡因慰藉的忙碌上班族呢？而這群人的需求、思維和行為模式，又是否會受到年紀、性別、居住區域或消費意願的影響，而產生不同的變化呢？

其次，我建議大家可以善用觀察、訪談等方法來理解目標受眾。好比您若是一位健身教練，除了透過經營官網、粉絲專頁或發傳單等方法，還能夠如何有效地觸及目標客群呢？

這個時候，我會建議您先放下一切，有空走上街頭觀察一下，抽空多去觀摩其他業者所經營的健身房、運動中心或瑜珈教室——設法深入地理解，到底是哪些族群對運動健身感興趣，或是有著強大的需求？同時，您也需要充分掌握當今健身產業的發展現況、趨勢與脈絡。

不只是仔細觀察和思考這些人上健身房的動機為何？更需要掌握他們在什麼場景或情境之下，會需要聘請私人教練？以及為何願意付費成為健身房的會員？除此之外，養成健身的習慣，可以為大家帶來哪些具體的利益或好處？當然，您也可以試著請教Google大神，看看大家都用哪些關鍵字在搜尋跟健身、運動有關的資訊？而這些資訊與文本之間，是否隱藏著某些脈絡或依存關係？

建議您可以多思考以上的這些問題，不但可以幫助自己掌握用戶畫像，更能夠釐清目標客群的需求，請參考右頁圖。

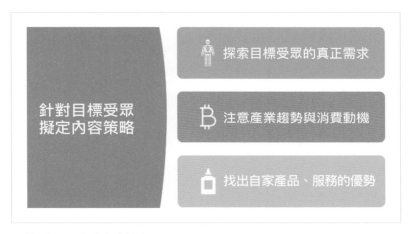

針對目標受眾擬定內容策略

　　除此之外，我也建議大家也可以透過問卷調查或是焦點訪談的方式，得以比較全面地掌握受訪者的想法。此舉也有助於我們抽絲剝繭、釐清現況，避免因為錯誤的臆測而踏入一些誤區。

想要一網打盡，只會淪為不切實際

　　在了解目標受眾的困擾與需求之後，我們再輔以商品文案提出行動呼籲，自然就比較容易得到共鳴與認可，也可望進一步強化彼此之間的信任關係。

　　如果我們想要透過內容行銷的方式來推廣某款商品或服務，可以透過下列步驟循序漸進，逐步設定目標受眾的範疇。

　　首先，請冷靜思考哪些族群會對我們的商品、服務感興趣？其次，揣摩一下這些人的購買動機為何？在什麼場景或情境會需要用到這些商品、服務？最後，我們所提供的商品、服務，可以為這些族群帶來哪些具體的利益或好處？

　　讓我來舉個例子，近年來「斷捨離」的風氣相當盛行，假設現在貴公司要推出在國內、外都相當流行的收納服務，大家不妨想想是哪些人會特別需要這項服務呢？是平時工作忙碌到無以復加的上班族嗎？還是忙著照顧小孩而無法整理家務的媽媽？或者是行動不便的銀髮族呢？而這些族群對於收納服務的理解、需求、思維與行為模式，又是否會受到年紀、性別或消費意願的影響，而產生不同的變化呢？

　　我們在設定目標受眾的時候，除了關注年齡、性別和職業之外，也不妨多去關注這些族群的興趣、價值觀、個性和各種偏好。對於目標受眾的設定和洞察，不是憑感覺就好，而是要經過深入的觀察並佐以數據的搜羅與分析，才能真正理出頭緒。

　　要知道，我們對潛在顧客了解愈深入，自然也能理解他們的困擾、需求以及對於商品、服務的真正想法，若能再搭配數據解讀、分析，自然也就更可以深刻地洞察人性，進而寫出感動人心的好內容。

　　設定目標受眾的時候不能太貪心，一心想把六歲到六十歲的消費族群都一網打盡，這是既不切實際也不符合現實的想法，我想提醒您千萬別犯了這個毛病哦！

　　設定好目標受眾之後，要好好思考自家的商品、服務有哪些獨特銷售主張？可以幫消費大眾解決哪些問題？如果您可以充分掌握目標受眾的特性與需求，自然也就不難投其所好，寫出讓人有感且願意買單的好文章了！

　　再舉個例子來說，如果您計劃明年在臺灣的某個都會區開一家咖啡店，想要主打大學生和三十歲世代的上班族客群……雖然這兩個主要族群的年紀，可能只差距不到十歲，但需要特別注意他們的可支配所得以及對餐飲的喜好、需求，往往可是大相徑庭唷！

▌學會換位思考，理解客戶的煩惱

　　設定目標受眾很重要，有的時候我們只能給出粗淺的輪廓，但需要更精準的資訊才能有效掌握用戶型態。好比一般的上班族可以按照年紀、性別、居住地區或可支配所得等因素，劃分為好多種型態和種類，而他們的消費行為、文化與興趣都不盡相同，自然也會影響到購買決策。所以，對於目標受眾輪廓的描繪與勾勒，不但有助於分析客群，更能讓我們掌握到進一步的行為特徵。

　　假設我們要推銷一款新型直立式洗衣機，就必須先找出商品與這群特定受眾之間的關係──別忘了一般上班族和媽媽族對採購洗衣機的想法、需求，很可能是大不相同的唷！對於一般上班族來說，他們的著眼點也許是方便、省事就好，甚至會受到電視

廣告的影響，而對特定的品牌有所偏好，也可能會特別在意造型。但是，對於擅長持家和精打細算的媽媽們來說，她們除了很在意洗衣機的價格和 CP 值之外，也會考量如何洗衣，才會有效率又不會浪費水電！甚至，媽媽們還會特別去考慮到新購的洗衣機的尺寸、體積是否剛好？以便可以擺放在家裡的某個角落，才不會特別占空間。

嗯，當您順利掌握了目標受眾的特性與需求之後，請記得還需要換位思考，設身處地為他們著想。從事內容行銷的時候，不只是從您的角度出發，去理解這些族群的需求和苦惱，更要用同理心和從對方的角度出發，進而設身處地揣摩和感受這群潛在顧客的真正想法！

在找出箇中的關連之後，我們自然就比較容易擬定內容策略了！像是該思考該用哪些素材來產製內容？以及該如何呈現產品或服務的賣點？最後，再慎選發布內容的管道，像是透過官方網站、部落格、Facebook 粉絲專頁或是投放 Google 關鍵字廣告等等，以便將各種有用的資訊呈現在目標受眾面前。

如何擬定「內容策略」？

3 五個步驟，
建立內容生產高效循環

　　看完了前面兩節的內容之後，我相信您一定可以認同：內容，可說是所有社群媒體策略的核心。想要創建有價值且引人入勝的社群媒體內容，就一定要借助內容策略的力量來推動。包括社群編輯、文案作者在內的內容產製人員，心中都要有一幅很明確的藍圖，除了必須事先定義好將要發布哪些內容？更要很清楚知道，這些內容為何要在特定的時間點發布？

▋ 擬定策略的五大步驟

　　嗯，我們到底該如何擬定內容策略呢？請參考下圖，我建議您可以從以下幾個步驟開始著手：

擬定內容策略的五個步驟

第一個步驟，定義目標：

為特定的目的或目標來產製內容，其實是一件很有意義的事情。您也不妨問問自己，正在著手創建的內容，是否能夠提高自家品牌的知名度呢？可以增進潛在客戶的數量，或是吸引回頭客嗎？甚至可以改善 Google、Baidu 或 Bing 搜尋引擎的排名結果？一旦明確地定義了行銷目標，接下來就需要驗證內容策略，是否是實現此一目標的最佳方式？

第二個步驟，規劃內容：

為了有效發揮內容行銷的力量，讓您的品牌可以出類拔萃、與眾不同，得以被更多人所喜歡……當然，您就必須事先做好很多的功課，思考能夠提供哪些具有價值的內容？如果您一時之間沒有靈感的話，也不妨從生活消費、娛樂休閒等相關的議題切入，或是參考最近的時事、節慶活動，設法從中找到可以激發共鳴的話題。

當然，您也可以參考右頁圖所介紹的激發靈感的六個方法，另外在後續第四章第二節之中，也會有進一步的說明。

還有一點很重要，您所產製的內容不能只是一味地談論自家的商品或服務（畢竟，很少有人會喜歡看推銷的宣傳內容），而必須考量整體的內容策略，是否與目標受眾的需求相吻合？換言之，當您在規劃內容的時候，請盡量減少使用銷售話術，而要多談談與目標受眾有關的話題。

■■■ 沒有靈感怎麼辦

1. 觀摩其他廠商的標語或宣傳文案。

2. 去逛逛便利商店、大賣場。

3. 善用「如何」、「現在」等關鍵字。

4. 看電視、電影、報紙、雜誌。

5. 找其他人腦力激盪。

6. 休息一下。

激發靈感的六個方法

第三個步驟，研究受眾：

當您愈清楚自己想要鎖定的目標受眾是哪些族群的時候，您事先擬定的內容策略自然也就能夠奏效。以前面談到銷售洗衣機的例子來說，您不妨想想一般上班族和媽媽族的不同，就會知道應該運用市場區隔等策略來鎖定不一樣的族群。除了多方理解目標受眾的興趣、需求之外，也可以透過問卷調查或用戶訪談等方式，來深入了解您的潛在客戶平常喜歡瀏覽哪些類型的網站？他們偏好哪些內容，以及平常都涉獵哪些社交媒體平臺？透過縝密的步驟，來搜集有價值的用戶資訊。當然，您也可以運用坊間的專業工具（例如：Google Analytics）[11] 來掌握目標受眾的各種數據，像是平均頁面停留時間、跳出率和網頁瀏覽量等等。

第四個步驟，設定通路：

為了確認之前擬定的內容策略能否落實，建議您可以師法傳統媒體的做法，用內容行事曆（Content Calendar）來掌握內容產生的流程、通路與發布管道。而在您開始建置內容行事曆的時候，也可以把日期、主題、搭配圖像、議題方向以及注意事項等元素加入其中。好比當時序來到十月，您會想到什麼呢？是秋高氣爽、適合出遊的好天氣嗎？還是具有美感和神秘氣質的天秤座呢？千萬別忘了，馬雲和郭台銘這兩位企業家也是十月出生的哦！您若能審慎思考內容的屬性，再搭配合適的發布管道來進行規劃，我相信一定可以收到卓越的行銷成效！

第五個步驟，測量成效：

乍看之下，把內容規劃好之後然後再對外發布，應該就沒事了吧？但為了確保內容行銷的成效以及優化內容產製的流程，我們還需要借助諸多數位工具進行測量。而測量的指標，除了基本的流量、閱覽次數和粉絲人數之外，也可以多關注互動數、評論數和分享數等等。針對不同的平臺和媒體，往往需要重視的指標也不盡相同，好比以粉絲專頁來說，我們通常會特別關注洞察報告中的瀏覽次數、貼文觸及人數以及貼文互動等狀況；而以部落格來說，大家通常會注意網站流量、瀏覽次數、留言數以及網友使用哪些關鍵字搜尋等等。至於 YouTube 頻道上頭的影音，最關鍵的指標當然就是關注觀看次數和訂閱人數了。

▍策略之外，不可忽視的「獨特性」

透過解讀這些數據，您將可以理解自己是否已經產製了一篇足以帶來巨大流量的部落格文章或影音內容？而目標受眾是否有被吸引，願意將更多時間花在閱讀您所提供的內容上？以及貴公司所提供的內容，是否可以在社交媒體上獲得大量評論或分享？

只要遵循以上所提到的五個步驟，就可以很快地打造出您專屬的內容策略了。當您明確掌握內容策略之後，自然就不難找出溝通傳達的脈絡與內容產製的切入點，之後，我們再按照這個邏輯去產製各種內容即可。話說回來，唯有打造出明確的內容策略，才能讓我們得以透過文章、影音、圖表或簡報等不同的內容型態來展現自己的觀點，並與目標受眾進行有效的溝通，達成預先設定的目標。

除此之外，我還想提醒您一件很重要的事情，那就是網路上已經充斥太多形形色色的內容了！所以，為了避免您辛苦產製的內容被忽略，請謹記要設法創建獨特、有特色的內容，最重要的是要為目標受眾提供真正的價值。

換言之，當您愈關注自己的利基市場，並且愈加專注地產製內容的時候……無論您的目標受眾在哪裡 —— 他們是很認真地搜尋資訊，或者只是隨意上網瀏覽……嗯，您在特定的領域裡建立權威性地位的機會，也就會愈來愈大！

整體而言，當您有需要開始撰寫商品文案、設計提案簡報或

產製各種不同屬性的內容，都必須先行思考產製目的以及設定目標受眾，然後才開始付諸行動。換言之，我們必須弄清楚撰文、錄製影音或設計簡報的目的為何？以及這些內容是要給哪些特定的族群看的？

　　唯有先弄清楚這兩點原則，再搭配擬定有效的內容策略，如此一來，方能相得益彰。所謂「謀定而後動，知止而有得，萬事皆有法，不可亂也」，意思是您別急著行銷和宣傳自家的產品、服務，唯有先行擬定好內容策略，再投入資源和心血來產製各種優質的內容，如此方能發揮內容行銷的強大效用，並且進一步引起廣大讀者或目標受眾的共鳴唷！

· CHAPTER ·

3

[持續寫作，
構築你的「內容帝國」]

想要持續、穩定地產製內容，

最快也最簡單的方法，就是師法傳統媒體，

為自己建立可視化的工作排程，

再掌握三個互動邏輯、四個寫作步驟與 5W 理論，

您也可以建立自己的內容帝國！

如何建立「無瓶頸」的寫作框架？

1 掌握互動邏輯，
為「好文章」打地基

還記得在第二章之中，我為大家介紹了何謂「內容策略」；此外，也談到了應該如何擬定有效的策略。相信您現在應該對於設定目標受眾，以及可以採用哪些內容型態來產製內容，有了基本的認識。接下來，我將跟您分享如何布局內容計畫。嗯，也就是從建立「寫作框架」開始。

▍四個步驟，突破寫作瓶頸

這些年來，我時常四處到企業或大學院校講授有關文案寫作與內容行銷的課程，不時會有一些學生問我：「老師，請問寫作有沒有公式或套路可以參考呢？」

我明白在這個碎片化的時代，大家做事都想要追求速成和高效。如果寫作也能夠有個公式可以套用，那豈不是簡單多了？

其實，傳統的寫作流程除了大家所熟知的「起承轉合」之外，不外乎就是審題、立意、選材、安排段落與組織成文等傳統的流程。為了方便大家學習，我在文案寫作課上也把這些看似有點兒繁瑣的流程，簡化成以下四個寫作的步驟：

第一個步驟，觀察。知名作家吳念真曾說過：「也許你不善

言辭，但一定要打開觀察力、拿出同理心，必能產生共鳴。」其實，任何的創作都是從觀察開始，寫作當然也不例外。我常認為，與其特別注重寫作技巧的鑽研，倒不如先從觀察人事時地物的變化和目標受眾的需求、感受開始做起。其實，觀察是一門不簡單的學問，也唯有深入洞察，對於事物的真實脈絡有一定程度的認識與了解，我們才有辦法運用圖文、影音或動畫等多元的內容來清晰地對外表達觀點。所以，寫作的時候請別急著動筆或上網找資料，不妨先好好觀察周遭環境與場景，除了清楚地構思寫作主題，同時也可從不同角度來理解目標受眾。

　　第二個步驟，描述。因為工作的關係，我曾經看過很多人所撰寫的文章或商品文案，我發現有些朋友在寫作的時候，容易落入記流水帳的窠臼。同樣是描述一件事情，厲害的作家總能寫出新意或傳達出不同的韻味，但觀看一般人所撰寫的文章卻往往只能看到表象。其實，寫作時最重要的事情，並非描述場景或交代細節，而是要多花些心思在組織脈絡，具體對讀者說出內心的感覺。舉例來說，您應該清楚地說明為什麼想要寫這個主題？以及讀者為何需要在此刻閱讀您的文章？當您在向目標受眾表達此篇文章的重要性的時候，除了可以使用視覺元素來輔助說明，也可善用數據或專家證言來加強說服的力道。

　　第三個步驟，思辨。我也發現，很多人在寫作的時候，往往僅止於觀察和描述的階段，卻未能進一步在字裡行間，協助讀者找出真正的意涵以及值得參考的資訊。嗯，說起來其實有點可惜

呀！誠然，書寫本身和個人經驗的深度、廣度息息相關，所以我們除了要對日常生活與工作場域有所觀察和省思，更要時常深入洞察時事、輿情與趨勢；如此一來，才能夠具體地傳達出真正的意義，並且提煉出自己的獨特觀點。

第四個步驟，行動。行動呼籲是促使目標受眾實際採取行動的一種模式，其用意就是希望激發大眾在看完文章或圖像、影音等內容之後，可以實際採取特定的行動——好比希望消費者購買商品，或是捐款、捐血或參加活動等等，而這一切自然也是從事內容行銷者最想得到的回饋。如果您希望在文章中置入有效的行動呼籲，請先問問自己期待目標受眾做哪些事情？接下來，如何確保目標受眾知道自己該做什麼事？以及他們為什麼要這樣做？可以從中獲得哪些利益和承諾？

您如果能夠參考以上四個步驟來書寫，我相信一定可以突破現有的寫作瓶頸。接下來，就讓我來談談有關寫作框架的部分。

▎TED 與史蒂芬・金的成功訣竅

我認為，在寫作的過程中，其實有很多的理論或行為模式值得參考。比方您平常也許喜歡收看 TED 演講的精彩影片，但您知道嗎？演講本身其實也有套路，而這套傳播模式也可以做為寫作時的參考唷！舉例來說，如果我們試著拆解眾多名人、學者在 TED 大會演講的流程，您就會發現儘管大家所發表的主題並不相同，但

闡述的方式和流程卻是大同小異，多半都是從說一個自己的小故事或冷笑話開場，然後才慢慢地進入主題，並且跟大家提到產生這個想法的來龍去脈，以及請求觀眾採取某些特定的行動……

除了觀摩知名人士、學者或企業家所慣用的演講流程，我們也可以參考美國暢銷書作家對於精準寫作的建議。曾被美國《紐約時報》譽為「現代驚悚小說大師」的史蒂芬・金（Stephen Edwin King）就曾說過：「如果你想成為作家，有兩件事首先必須做到，那就是多讀和多寫。」

他指出，任何人如果想要練好寫作技巧，就必須先建造自己的寫作工具箱。而好用的寫作工具箱，裡頭至少要有三層：第一層，擺放詞彙和語法。第二層，則是風格要素和段落。而最底層的部分，則是存放勇氣。

嗯，我們也許終其一生都無法達到史蒂芬・金的寫作造詣和境界，但他對於精準寫作技巧的建議卻值得大家好好參考。除了大量閱讀之外，我們也要勤於書寫，並且在撰寫文章的時候先仔細想想：

1 寫作的目的是什麼？

2 寫作的主題為何，要解決哪些具體的問題？

3 是否和特定的時空、地點或場景有關？

4 鎖定的目標受眾是哪些族群？

5 還有，應該如何執行或提供解決方案？

只要您能夠「謀定而後動」，我相信任何問題不但能夠迎刃而解，也會對您自己在訓練寫作的過程中得到啟發和幫助。

整體而言，我認為想要寫出感人肺腑的文章，甚至希望能夠引發共鳴，其實也沒有想像中的困難。我們可以先力求文筆通順，並從確定寫作的頻率與質量開始——平常多觀摩別人撰寫的文章，再對各種問題進行深度思考，當然刻意練習也不可少！進一步來說，下筆為文除了要傳達理念與觀點，我們和目標受眾之間的關係也值得細心經營唷！

▎三種邏輯，寫進讀者心坎裡

在這裡，我也建議您可以依循以下三個互動的邏輯來構思文章寫作的方向：

第一個邏輯，換位思考。所謂的「換位思考」，也就是轉換撰文時的視角。在下筆之前，您要能夠預知本篇文章想要鎖定的目標受眾是哪些人？再從這群讀者或潛在客戶的角度來檢視和思考，自然就可切中要點，而避免寫出「自嗨」型的文章了。

還記得我以前在媒體服務的時候，曾經採訪過很多傑出的企業家，發現他們對自家的產品有相當的自信與堅持，開口閉口都在談這些事情。這雖然不是壞事，但要和客戶溝通的時候，我們就不能一味地堅持己見，或是只傳達自己喜歡或在意的重點了！

第二個邏輯，符合人性。所謂的「人性」，係指人類應有的

正面、積極的品性，同時也包括價值觀、同情心和同理心。人性既是人類長久以來進化的結果，其實也是與生俱來的秉性。所以，我們看到美女會怦然心動，發現具有質感和設計感的商品，也會很自然地想要買一個。說穿了，這些都是人性的自然反應。

所以，想要寫出能夠引人共鳴的文章，我們就必須投其所好。就像知名插畫家馬克說過的：「如果期待大眾認同，就必須站在大眾角度來檢驗自己的創作，不能把自己放在第一位。」

第三個邏輯，說出讀者的心聲。我們身處這個注意力被瓜分的碎片化時代，忙碌、焦慮成了每個人身上撕不掉的標籤——即便文章寫得再好，平均也只有零點幾秒的光景有機會被眾人看見。如果辛苦寫出來的文章無法和讀者產生關連，帶來任何具體的利益，甚或難以勾起閱讀的興致，那麼很快就會被自動忽略或跳過了。

話說回來，這也是為何我們時常可以在 Facebook 上看到大家轉貼星座、男女情感或職場成功術等類型的文章？嗯，其實並不是心靈雞湯特別好喝，而是因為這些文章說出了很多小人物的心聲，也成功地勾起社會大眾心中的想望——很多人希望可以過小確幸的生活、想要追求異性，抑或是渴望功成名就的那一天到來。所以，如果您想要寫出可以激發共鳴的好文章，請先讀懂對方的心。

要知道，寫作的本質雖然大同小異，但就撰寫文章、商品文案來說，還是和文學創作多少有所不同。如果想要寫出引人共鳴

的文章，我會建議大家不只是當一個好的創作者，更要成為一個稱職的溝通者。只要掌握好四個寫作步驟和三個互動邏輯，就可以幫助自己建立一個有效的寫作框架囉！

　　即便文筆再差，但不輕言放棄，並參考美國知名作家史蒂芬・金所提出的多讀和多寫的建議，持續練習和精進**內容力**……假以時日，我相信您一定也能寫出擲地有聲且受人青睞的好文章！

　　當然，除了建立寫作框架和加強練習以提升寫作技巧之外，您也可以透過建構儀式感來強化寫作動機。簡單來說，也就是透過一系列的準備或者調整，讓自己迅速進入到精力集中的狀態，得以全神貫注地從事寫作。好比史蒂芬・金每天早上八點到八點半之間，就會坐在固定的座位上吃維他命，聽自己挑的音樂，然後才開始整理稿子，揭開一天的序幕。

　　嗯，如果有興趣的話，您也不妨設計一套自己喜歡的寫作儀式唷！

Vista 傳送門

想要內容力更上層樓？歡迎參考 Vista 在 hahow 好學校開設的線上課程《內容力：打造品牌的超能力》！
https://hahow.in/cr/content-power

　　平常在企業或大學院校講課的時候，我都會提醒學員們別急著打開電腦搜集資料或是直接開始寫作，而是要先沉澱心緒，好好構思一下──究竟撰寫這篇文章或商品文案的目的為何？而鎖定的目標受眾又是哪些族群呢？究竟，您希望透過內容來傳達哪些觀點或有價值的資訊呢？

資訊編排上的實用技巧

　　在正式開始投入內容產製之前，我們不妨「以終為始」，先思考產製的目的和結論是什麼？然後，再開始進行編排與鋪陳。

　　很多人很容易會有一種刻板印象或錯誤觀念，誤以為想要抓住大家的目光焦點，就必須賣弄文筆或者堆砌華麗的辭藻，甚至運用很多漂亮的圖片來裝飾……其實，這些都非絕對必要的！內容產製的重點，應該要回歸內容行銷的本質，也就是讓有用的資訊以及重要的結論牢牢抓住目標受眾的眼球。換言之，我們不妨在文章一開始就開宗明義地告知對方，自己想要表達的重點和結論。

　　科技日新月異，我們已經進入了絢爛繽紛的多媒體時代，

正所謂「一圖勝千文」，自然也不能忽略視覺所帶來的強大力量。所以，平時除了積極產製優質的內容，也別忘了幫您的文章、企劃書或簡報配置一些精彩的特色圖片！想當然耳，圖片的作用除了可以妝點版面，往往也有畫龍點睛的效果，有助於目標受眾順利進入我們所設置的情境之中，甚至能夠幫助大家盡快掌握重點。

要知道，即便目標受眾注視這些圖片的時間可能只有短暫的一兩秒光景，但為了讓對方在如此短暫的瞬間對眼前的內容產生興趣，我們在選擇圖片素材的時候，也務必以能夠讓對方迅速理解為第一要務，而不只是單純以美觀或吸睛作為考量。

也因為我們通常是帶著銷售的目的來產製內容，所以為了在短時間內讓對方能夠理解文章、簡報等內容的重點，請務必修剪旁枝末節，盡量讓每篇文章的內容只聚焦在單一的觀點或資訊。如果您真的有很多的資訊想要分享，不妨拆成多篇文章來溝通、傳達。

當然，您也可以善用「電梯簡報法」的方法，來快速抓住目標受眾的眼球。「電梯簡報法」原來的意思是要創業者能夠在一分鐘之內，向投資人解釋自己的創業理念。當然，這個方法並非只有在進行簡報的時候才能拿來運用，其實是一種可以在所有場合發揮功效的溝通技巧。

在此，我跟大家分享有效運用「電梯簡報法」的三個小訣竅，您只要依樣畫葫蘆，一定可以讓人留下深刻的印象——首先，我

們可以詢問對方是否有「某些」困擾？其次，透過精心設計的圖文資訊告知對方，困擾可以「這樣解決」。最後，不忘告知解決之後「會發生哪些好事」。透過這三個步驟，我相信就能很快地抓住目標受眾的焦點了！

如果您為了目標受眾精心設計了一份簡報、提案或企劃書，請記得要在封面之後設置一份完整的目錄。正因為打開簡報或企劃書就可以看到目錄頁，所以對方得以確認「全文分為幾個章節」、「和我關係最密切的是第二章」等關鍵資訊。換句話說，在簡報或企劃書中插入一頁目錄，不只是聊備一格，而是藉此讓目標受眾快速地掌握整份資料的概要，也有助於加速傳達內容的目的與重點。

▋大眾傳播泰斗的 5W 理論

其實，內容行銷也就是一種傳播的過程。如果您對大眾傳播理論有一些基本的認識，可能會聽過美國政治學家拉斯維爾（Harold Dwight Lasswell）[1] 最早提出的一套傳播模式「5W 理論」，請參考下頁圖。

簡單來說，這個傳播模式可以拆解為五個部分，分別是：「誰」（Who）、「說了什麼」（Says what）、「透過什麼通路」（In which channel）、「給誰」（To whom）以及「取得什麼效果」（With what effect）。

拉斯維爾的 5W 理論

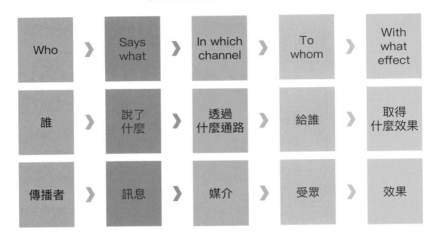

接下來，讓我跟大家談談這五個要點：

第一個要點，誰。

當您開始產製內容之前，請務必先設想清楚有關目標受眾的輪廓。無論是撰寫文章、錄製影音或設計簡報、資訊圖表，也必然要有一個很清楚的主體架構和中心思想。此外，也要讓目標受眾能夠很快理解與內容相關的背景、情境和場景，而不要讓內容形式或素材喧賓奪主，弱化了文章的中心思想。換言之，要讓讀者能夠從上下文的脈絡中理出頭緒，迅速理解主體架構是什麼？而現在正在談論誰的故事？或是正在介紹哪些關鍵的產品或服務？

第二個要點，說了什麼。

我發現，某些朋友寫文章的時候有個壞毛病，跟說話一樣容易絮絮叨叨半天，卻無法讓人抓到重點。如果您也有類似的困擾，除了要提升表達能力之外，更需要準確掌握文章的走向與脈絡。我會建議您在寫作的時候，請謹記一開始就切入主題，明確告知行銷的目的與觀點，然後聚焦在目標受眾普遍共有的困擾或是需求的層面上，並且思考如何提供有效的方法來協助他們改善現況或實現夢想。

第三個要點，透過什麼通路。

所謂的內容行銷，其實也就是透過分享優質、有價值的內容給目標受眾，藉此達到行銷、宣傳的效果。我們可以因應不同目標受眾的需求，來選擇內容發布平臺與傳播方式。如果想要傳播有用的資訊，運用文字的力量可能是最快速、有效的方法之一，再搭配運用社群媒體或自媒體的擴散、傳播，可說是相得益彰。但是除了文字之外，當然也不可以輕忽了圖像、影音或動畫等不同媒介與素材的影響力。

第四個要點，給誰。

眾所周知，好的內容不但可以吸引社會大眾的眼球，幫我們找到精準的潛在客戶，更有助於維繫彼此的信任關係。不過，如果您只是漫無目的或毫無計畫地生產內容，肯定無法達到預期的

內容行銷效果。所以，在開始產製內容之前，可得先理解誰會對您所提供的內容感興趣？嗯，我們自然有必要做一番功課，去了解這些族群的專業、興趣、年紀和居住地區等特性，這樣方能運用有價值的內容來協助瞄準目標受眾。

第五個要點，取得什麼效果。

內容行銷不只是可以幫助企業銷售產品或服務，更有利於業者建立長久的品牌形象。所以，我們在產製內容之前，應該先審慎思考希望產生哪些效果？然後，試著去理解目標受眾的真正需求或疑問是什麼？並協助貴公司盤點一下，可以提供哪些能夠派上用場的解決方案？最後，再運用可靠的論述和觀點來影響目標受眾做出最後的決策。

綜觀以上這五個要點，不但能夠形成一個有效的傳播模式，更可以讓我們在產製內容之際，作為一個很好的參考準則。當然，內容行銷不只是單向的傳播，所以我們也需要傾聽目標受眾的真實心聲，從而建構一個完整的行銷循環。

幫大家歸納一下，當您在產製內容的時候，除了要從目標受眾的角度出發，更要不時問問自己：到底自己想要表達的重點是什麼？可以提供哪些觀點或利益？說得更直白一些，能否讓讀者輕易地從字裡行間掌握您的情感和想法呢？

其實，我們花費很多心血和資源來產製內容，但殘酷的事實

告訴我們：這一切的努力，卻未必能夠直接和銷售畫上等號。但如果您可以換位思考，認真思考目標受眾的需求或是可能遭遇的困境，並且設身處地幫他們謀求解決的方法……那麼，您自然容易和這些族群打成一片，進而形成緊密的信任關係。

我知道，有些人也會擔心自己的文筆不好，其實我們可以透過大量閱讀、觀摩和練習來加強信心和表達能力。要知道，比起盲目地追求寫作的技巧，至少我們應該以文筆通順做為努力的目標——畢竟，寫作的重點並非炫耀自己的文筆，而是在於真誠且完整地說出自己內心的想法。

就像國立臺灣大學電機工程學系的葉丙成教授所言：「作文的可貴之處在於每個人都可以自由思考、自由闡述……只要能有自己的觀點、能講出道理，就是好文章。」

建立自己的內容行事曆

3 善用「內容行事曆」，創作更有效率

　　說到行事曆這個日常生活中的小幫手，大家一定不陌生！不管您平時喜歡用筆記本來記錄大大小小的會議，或者倚重 Google Calendar 來管理各種約會，總之行事曆是大家在工作場域或生活中既熟悉又必須倚重的好工具。

▌行事曆是你的第二個腦

　　曾在微軟公司業務部擔任高階主管的日本作家田島弓子就曾說過：「行事曆記錄什麼，反映了一個主管的『腦』。」她指出執行者的行事曆，往往是單打獨鬥的光榮紀錄。上頭如果寫得密密麻麻，通常戰績愈好！

　　根據美國內容行銷協會的調查顯示，美國境內已經有高達88％的企業將內容行銷納入其整體的行銷策略之中，其中卻只有32％的公司在從事內容行銷的時候，願意花時間在事前的書面流程規劃。要知道，如果業者願意花一番時間和心力來妥善地規劃內容方針，其產製與傳播的效率將會提高六成。

　　如果我們說行事曆存在的目的，是為了協助職場人士紀錄重要的工作事項與會議動態；那麼，內容行事曆的應運而生，則是

為了幫忙行銷人規劃與產製有關部落格文章、影音或資訊圖表等各種行銷用途的內容型態。

毫無疑問，內容行事曆就是行銷人的好幫手！我們不只可以透過它來紀錄各種主題和想法，更可以協助行銷團隊來掌握方向、管理素材、調度人力與物力等資源以及協調內容產製的優先順序，並可透過撰寫、編輯內容行事曆的過程，來確保所有的行銷工作都在掌握之中，並可兼顧到內容行銷的最終目的以及目標受眾的需求。換句話說，透過內容行事曆的幫助，可以幫助貴團隊集中火力和達到資源最大化的效益，不只是讓同仁們得以專注產製內容，更可確保大家齊心走在正確的軌道上。

整體來說，在從事內容行銷之前先行規劃內容行事曆，還有幾個顯而易見的優點唷！

第一個優點，可透過排程來持續規劃與產製內容。

對於非大眾傳播科班出身的朋友來說，如果想要和媒體記者或出版社編輯等專業人士一樣，能夠持續穩定地產製內容，應該怎麼做呢？最快也最簡單的辦法，就是師法傳統媒體的做法，透過內容行事曆來掌握內容產生的流程與發布管道。我認為，運用可視化的排程方式來持續規劃與產製內容，會是很有效的方法。

第二個優點，清楚規範目標、任務與責任分配。

眾所周知，內容產製往往需要投入大量的心血和資源，同時

也需要長期的積累。透過內容行事曆的紀錄與管理，可以明確地規範、定義每個行銷活動的相關資訊和負責人，也能夠讓所有的團隊成員理解有關內容產製的人力配置以及目標、期限與任務細節等資訊，同時也可充分掌握每一位團隊成員的工作職掌、進度以及所分配到的工作量。

第三個優點，有助於發布一致性的多樣化內容來進行溝通。

透過內容行事曆，可以迅速掌握未來將要產製的內容主題與故事。從部落客、品牌商到公司行號，我們都可以運用內容行事曆來組織內容，並藉此簡化團隊內部的溝通。巧妙運用內容行事曆，不但可以減少內容產製時所面臨的壓力，還能夠透過創造與發布一致性的多樣化內容，來與目標受眾進行緊密的互動。

▌任務可視化，讓創作者更積極

知道了內容行事曆的優點之後，接下來我想談談可以如何著手規劃？

以我曾服務過的媒體來說，以往在開編輯會議的時候，負責的同仁都會預先準備好編輯大綱和時程表。透過內部的內容行事曆，可以一目了然地掌握每個月或是每個禮拜所預先安排好的主題。而所有的記者和編輯同仁，則會依據內容行事曆的安排，來排出鉅細靡遺的寫作計畫和出稿單；如此一來，不但有助於主

管預先安排不同的同仁進行採訪和寫作，同時也方便追蹤工作進度，以確保可準時出刊。

即便不是媒體產業，我們也可以把行事曆的概念融入內容行銷的計畫中，而這也是規劃內容行事曆的第一個步驟。換句話說，我們必須預先將計畫產製的內容列出清單，安排要上稿的日期與管道（好比部落格、Facebook、LINE 與 Instagram……等等），並且列出負責的內容產製者。

我們都知道，內容行銷的關鍵在於產製優質的內容。而透過內容行事曆的協助，可以釐清原本不固定或是雜亂的內容產製流程，並且能夠輕易地從月曆和任務清單上得知最新的進度和負責人。一旦在內容行事曆上頭訂下明確的任務、日期和負責人名單，內容產製者就會很清楚自己的任務與截稿期限，必須在期限之內完成這項任務。

換言之，內容行事曆的作用，也就是化被動為主動，不但可以預先規劃與安排內容上稿的排程，同時也可提醒我們要產出備用內容。如果臨時發生突發事件或有重大的變故，也能夠及時因應並先放上緊急產製的內容，之後再重新調整內容的架構與順序。

舉例來說，如果貴公司的主要業務是銷售各種 3C 產品。那麼，每年固定的重要檔期與節慶活動，不外乎包括：農曆新年、春季資訊展、春天開學季、冷氣季、秋天開學季、冬季資訊展以及年末的尾牙。除此之外，每年還會有一些知名品牌如蘋果、三

星或 Google 等企業的新品發表會。

在掌握這些每年固定的重要檔期和活動之後，您就可以把這些資訊預先納入貴公司的內容行事曆之中，如此一來就能夠依照想要推廣和行銷的產品、服務，來進行內容產製的安排囉！

看到這裡，我想您應該已經知道內容行事曆的妙用了！接下來，我再跟大家分享創建有效的內容行事曆的辦法！其實，內容行事曆並沒有固定的格式，您可以運用 Google 表單或 Microsoft Office 系列的 Excel、PowerPoint 等軟體來創立適用的內容行事曆。

當然，您也可以參考國外媒體或內容行銷公司的做法，選擇一個比較容易更新和調整項目的模板，確保自己所規劃的內容行事曆能夠滿足貴團隊的需求。為了方便大家開始著手規劃您自己的內容行事曆，在這裡我也提供一份由我們「內容駭客」網站團隊所設計的 2019 至 2020 年內容行事曆模板（特別感謝秦振家[2]的貢獻），請參考右頁圖。

您若對於內容行事曆模板感興趣的話，可以自行連上這兩個網址直接下載：http://bit.ly/2019-content-calendar、http://bit.ly/2020-content-calendar。當然，您也可掃描傳送門中的兩個 QR Code，來取得內容行事曆模板唷！

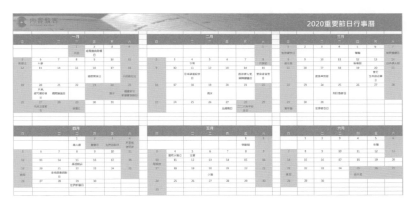

內容行事曆模板

Vista 傳送門

掃描以下兩個 QR Code，來取得自己的內容行事曆模板吧！

2019 年內容行事曆模板
http://bit.ly/2019-content-calendar

2020 年內容行事曆模板
http://bit.ly/2020-content-calendar

宣傳優質內容，該從何下手？

4 找對宣傳通路，大幅拓展商業版圖

　　一般而言，當我們開始投入內容產製之際，就必須格外注意與內容有關的這四件事，分別是：來源、傳播、型態以及屬性。這四件事，自然也和我們如何宣傳內容息息相關。

　　第一點，來源。您的內容要從哪裡來？從什麼角度來書寫？以及由誰負責產製和最後的審核、把關？

　　第二點，傳播。產製好的內容，要用哪些方式來傳遞、擴散？可以透過哪些媒體、內容平臺或通路的協助，把資訊分享給更多有興趣的受眾？

　　第三點，型態。內容要以哪些型態或方式呈現？是文字、圖片、影音、動畫，還是簡報、資訊圖表或白皮書等其它方式？

　　第四點，屬性。雖然大家都能夠理解「內容為王」的道理，但光是盲目且大量地生產內容，其實是沒有太大意義的。所以，我建議大家最好先想想清楚，產製內容的目的和定位為何？而這些內容是否有哪些共通性？或是蘊藏什麼特別的調性或特色嗎？

　　在前面的幾節裡，我曾陸續跟大家談過有關內容的來源、型態與屬性等部分，而在本章的第四節之中，就讓我們來探討一下：您辛苦產製好之後的內容，應該透過哪些通路或管道來傳遞、擴散和宣傳，進而發揮最大的效益？面對這麼多的媒體或內容平

臺，又該如何選擇？

知名的內容行銷網站 Contently[3] 的創辦人喬・柯曼（Joe Coleman）曾說過：「你不能在真空中發布行銷內容！」這就好像如果我們費盡心思舉辦了一場舞會，到頭來卻沒有任何人前來參加，這樣的場面不但讓人尷尬，主辦單位可能還會虧本哦！

如果想要避免這種狀況，我們就不能只是拼命產製內容，更需要多花費一些心思在行銷上頭。首先，您要先弄清楚產製內容的目的，並且能夠清楚地掌握目標受眾在哪裡？進而深入了解他們需要什麼？是否有哪些痛點？然後，再徹底地盤點手邊可以運用的所有工具和管道，並透過各種可以借勢的媒體、平臺與通路來對外傳遞與擴散內容，藉此增加曝光和提高目標受眾對自家品牌的感知。

您如果對於內容的行銷和宣傳感到苦惱的話，我建議不妨多加運用以下提到的四種通路：

第一種通路，您自己的網站。

換句話說，也就是您或貴公司所自行經營的官方網站、部落格。有些公司老闆可能認為自家的網站流量並不大，不會是一個很好的行銷管道，但實際上並不是這樣的，貴公司的官方網站很可能會是最重要的一個通路，也是與客戶之間絕佳的接觸點。當目標受眾有興趣想要更進一步地了解貴公司業務的時候，他們就會主動搜尋和造訪；話說回來，如果他們無法從貴公司的官方網

站或部落格快速找到解決方案的時候，也可能很快就會離開哦！

　　換句話說，貴公司的官方網站或部落格別只是妝點得很漂亮，而應該提供豐富的資訊，並且能夠迅速且清楚地展現貴公司的品牌形象、產品、服務與相關的業務資訊，藉此帶給目標受眾與潛在客戶良好的第一印象。有關官方網站與部落格的經營要點，我會在後續的章節中再詳細為大家解說，敬請期待！

第二種通路，願意接受投稿的媒體或內容平臺。

　　除了在貴公司的官方網站或部落格發表內容之外，其實還有一個時常會被大家所忽略的管道，也就是願意接受外界投稿的媒體或平臺。透過主動投稿或撰寫客座文章的方式來推廣您的內容，不但可以突破既有的同溫層，也可望被更多社會大眾所看到。當然，讀者也能夠循著您在文章裡頭所預埋的連結，連回貴公司的官方網站或部落格。

　　舉例來說，像是《蘋果日報》、《自由時報》、《關鍵評論網》、《數位時代》或《經理人》等平面或網路媒體，紛紛開闢了讀者投稿的園地，大家可以多加利用。不過，要注意的是每家媒體的定位和屬性不同，投稿的時候請盡量鎖定精準的管道。以《數位時代》為例，他們長期徵稿，歡迎各類專業人士來稿，針對時事科技議題發表獨特觀點；而《經理人》則歡迎大家分享職場心得及管理心法，共同探索企業管理的新思維！

　　在開始著手整理有哪些可以投稿的潛在媒體或網站之際，

我也建議大家可以先做一點事前的準備工作。花點時間了解該媒體、平臺的定位、屬性與風格，並看看其他人所撰寫的內容，期待您的投稿內容能夠被順利採納，進而發揮最大效用。此外，還有一點值得注意，由於媒體的篇幅有限，這些媒體或平臺的編輯有可能未經通知就逕自刪修您的文章；所以，當我們對外投稿的時候，請記得直接說重點，而不必花太多力氣在鋪陳或修辭內容上。

第三種通路，社群媒體。

　　毫無疑問，社群媒體可說是當今數位行銷領域之中的要角。當社會大眾開始積極尋找他們所喜歡或感興趣的品牌時，就會有愈來愈多的用戶利用社群媒體來進行研究，或是做出購買決策。當然，這也是為何許多廠商都在 Facebook 或 Instagram 等社群媒體砸錢投放廣告的原因之一。

　　以臺灣的兩千三百萬人口來說，居然就有超過一千九百萬名 Facebook 會員，比例之高令人驚訝。經營 Facebook 粉絲專頁或社團等社群媒體，除了可以幫助您觸及更多的潛在客戶，也能夠幫您把優質內容擴散出去，讓更多人知道貴公司的產品、服務與獨特價值主張。

　　當然，我們也必須思考不同的社群媒體的定位和屬性，進而擬定合適的內容策略與行銷方針。好比如果您想透過 Instagram 來分享貴公司的產品資訊，除了要不時上傳吸睛的產品照片來吸

引目標受眾，並透過文字敘述與主題標籤（Hashtags）來分享幕後花絮，最好也可以思考如何針對這群特別重視美感與生活品味的潛在顧客，設計有效的行動呼籲。

第四種通路，電子郵件。

很多人可能以為發電子報很老套，就覺得這樣做沒太大的效用，但卻疏忽了電子郵件行銷是一種主動且有效的行銷方式。特別是當用戶願意訂閱貴公司所提供的資訊時，其實也就代表他們願意打開您所主動發送的郵件，並從中了解貴公司的最新產品、服務，以及如何從中受益？

當然，並不是四處亂發送電子郵件，就能稱為電子郵件行銷（E-mail Marketing）。請謹記，撰寫電子郵件的最高指導原則就是簡短和易於閱讀，要能夠提供有用的資訊。同時，也別忘了置入行動呼籲。我們可以善用坊間廠商所提供的雲端服務，來設計自己的電子郵件行銷方案。舉例來說，您可以事先撰寫好完整的觸發腳本，並透過自動回覆的機制，讓願意接收電子郵件的讀者們，可以迅速掌握貴公司所提供的情報，進而提高開信率和轉換率。

有的時候，光是透過電子郵件傳遞資訊還不夠，這時我們也可考慮搭配運用一些其他的平臺。舉例來說，如果您為貴公司新推出的產品設計了一份精美簡報，也可以考慮把它上傳到像是 SlideShare 這樣的簡報分享平臺；舉一反三，當然您也可以把

貴公司所錄製的產品簡介或使用教學的影片，放到 YouTube 或 Vimeo 等影音分享平臺。如此一來，也可以讓更多人看到這些精采的影音內容。

　　整體而言，慎選內容平臺與通路，可說是從事內容行銷的過程中相當關鍵的一件事。透過以上這四種常見的通路，則可以有效地幫助您把優質的內容傳遞給更多的受眾與潛在客戶。

　　整體而言，內容行銷不但可以幫助您培養品牌意識，為貴公司網站帶來實際的流量和有用的客戶名單，甚至能夠將潛在客群轉化為客戶，並且提高客戶留存率和增進銷售額。但是，您也必須知道：光有遠大的目標是不夠的，我們還需要擬定縝密的內容計畫，同時讓目標受眾知道您正在做的一切努力，可以有效地幫助他們解決各種問題或困擾，並帶來具體的利益和好處。

　　身為美國開國元勛之一的班傑明・富蘭克林（Benjamin Franklin）有一句名言：「如果沒有準備，你就準備失敗！」

　　而在內容行銷的世界裡，也服膺同樣的道理。如果試圖在沒有計畫的情況下前進，無疑是一種災難。所以，不僅僅是設定目標受眾和擬定內容策略很重要，而布局內容計畫這件事也同樣關鍵唷！

　　現在，就讓我們一起來行動吧！

［ 四種寫作原理，
沒靈感也寫得動人 ］

就算絞盡腦汁，寫出的內容依舊貧乏？

抑或想要動筆創作，卻不知從何寫起？

您其實不是沒有這方面的能力，

只是還沒建立能夠激發靈感的「寫作資料庫」，

少了一點隨心所欲、我手寫我口的放鬆心情罷了。

1 萬事起頭難，如何開始下筆？
FAB 三要素，下筆不再抓破頭

很多上過文案課的學生，都曾跟我反映過：下筆的時候腦袋空空，既無法描繪出目標受眾的輪廓，也寫不出對於產品的精準定位。就算絞盡腦汁，寫出來的文章往往很貧乏，無法像作家一樣寫出豐富或讓人怦然心動的內容。嗯，不知您是否也有類似的困擾？

▍我手寫我口，迸發「寫作的勇氣」

其實，從事內容行銷的第一步，從來不是打開電腦開始搜集資料或撰寫文章喔！比較理想的步驟，應該是先從設定目標受眾與擬定內容策略開始做起，在您胸有成竹之後再來構思與產製內容。但根據我平時在產業界或大學院校授課時的觀察，卻發現有不少的朋友為此事感到煩惱。

近年來，無論是在各種實體課程、線上課程或「**Vista 寫作陪伴計畫**」的場合，每當進入實作演練環節的時候，我總會看到有人搖頭嘆氣，遲遲無法下筆……即便我從旁鼓勵或提點，仍有不少朋友鼓不起勇氣動筆，順利寫出第一段句子。很多人面有難色，再不然就是告訴我沒靈感，難以把腦中的東西傾瀉出來……

Vista 傳送門

缺乏夥伴的意見與鼓勵,想要動筆創作卻不知從
何寫起?現在就加入「Vista 寫作陪伴計畫」吧!
https://www.facebook.com/
vista.writing.program

所以,我想利用這一節,來跟大家談談有關如何開始下筆的議題。

根據我這幾年來在教學現場的觀察,很多人之所以不知道如何下筆開始寫作,問題並不是出在他們不會寫,或者是寫不好。主要的癥結還是卡在沒有勇氣把自己的想法、觀點寫出來,讓大家知悉、理解。

這也難怪美國暢銷書作家史蒂芬・金在談到如何精進寫作技巧時,曾多次提起多讀和多寫的重要性。他指出,如果想要練好寫作技巧,就必須先為自己打造一個好用的寫作工具箱。而這個寫作工具箱裡頭,除了擺放詞彙、語法、風格要素和段落,最重要的部分,其實是勇氣。

我發現很多朋友之所以視寫作為畏途,甚至害怕,其實是因為不敢說出自己的看法。這群朋友很可愛,他們會覺得自己並非學者、專家,講出來的話可能沒什麼分量,難以令人信服!因此,就不敢隨便地對外分享自己的觀點了。其實不需要想太多,只要事先做好了準備,就算自己所寫的文章在某些部分出現瑕疵或謬

誤，也只要勇於承擔和負責，事後盡快更正即可。

著有《素人也能寫出好文章》一書的日本資深編輯、獨立記者山口拓朗指出，寫作的重點並非「寫了再說」，而是在下筆之前的「思考」與「準備」。換言之，將「隨便寫寫」的心態轉換成「寫之前先準備」、「思考過後再寫」，自然就能夠讓文章變得截然不同！

我也同意山口拓朗先生的看法，寫作之前的準備功夫的確很重要。不過，我也想鼓勵大家別把寫作這件事，看得過於拘謹、嚴肅了！正所謂「我手寫我口」，大家不妨勇敢地把自己想要傳達的重點，透過文字表達出來；事後再經過修改、刪減與潤飾，便可精煉出一篇好文章。

其實，寫作應該是一件快樂的事情！所以，寫作並不是作家或專家、學者等少數人的專利，我們每個人都可以藉由寫作來抒發情感或分享觀點。我也想鼓勵大家平常多觀察生活、工作場域的事物，並建立勇於提問與分享的習慣，只要能夠克服緊張的心態，您自然會覺得寫作是一件既有趣又有意義，且能促進自我成長的事情。

▍釐清書寫的目的與對象

嗯，在順利地克服自己的心魔之後，現在就讓我們來面對寫作這件事情吧！

　　拉維奇和斯坦納（Lavidge and Steiner）曾在 1961 年提出一個「傳播效果階梯模式」，具體指出傳播效果主要包括三個方面的影響，分別是認知層面、態度層面和行為層面。倘若我們從傳播的最終目的來看，寫文章的目的無非是希望引起讀者的關注，進而讓目標受眾產生行為層面上的改變。

　　對企業界來說，溝通的目的自然就是為了銷售。而為了促進銷售，我們在撰寫商品文案的過程中可以採取三個步驟，分別是認知、情感與行動。

　　首先，要讓讀者得知我們的存在，或是認識貴公司的品牌。讓對方清楚知悉我們的寫作動機後，再設法建立彼此的情感連結與信任，最後則是透過「行動呼籲」（Call To Action）方式，讓目標受眾得以採取購買、填寫問卷、捐款或參加活動等特定行動。

　　而在開始下筆之前，我們除了要做好資料搜集等準備工作，更必須知道閱讀這篇文章的讀者究竟是哪些人？如果我們以產品或服務的銷售為例，在撰寫商品文案時便可按照下列的方式循序漸進來設定目標受眾的範疇：

1 哪些族群會對我們的產品、服務感興趣？

2 這些人購買產品、服務的動機為何？在什麼場景或情境會需要用到這些產品、服務？

3 而我們的產品、服務，又可以為這些族群帶來哪些具體的利益或好處？

　　我們在設定目標受眾的時候，除了關注年齡、性別、居住地區和職業之外，也不妨多去關注這些族群的興趣、價值觀、個性和各種偏好。要知道，目標受眾的設定和洞察不是憑感覺就好，而是要經過深入的觀察並佐以數據的搜集與分析，才能從茫茫人海中理出真正的頭緒。

　　接下來進入撰寫文章的環節。根據我的教學經驗，發現有些朋友會拘泥於自己文筆不好的問題，結果遲遲無法動筆。其實您的文筆只要通順就好，有沒有自己的觀點，反而比文筆好壞更重要哦！

　　著有《世界是平的》、《謝謝你遲到了：一個樂觀主義者在加速時代的繁榮指引》等暢銷著作的美國知名作家湯馬斯・洛倫・佛里曼（Thomas Loren Friedman），就曾語重心長地說過：「如果你是部落客，你的目的是要影響別人、激發反應，而非只是告知；那麼你就必須從某一個角度切入、令人折服，才能夠扭轉讀者的想法和感覺，改採全新觀點來看一個議題。每篇部落格文章，就像打開讀者腦袋的電燈泡，照亮了某個議題，使讀者用新的眼光來看待這個議題，或是打動他們的心⋯⋯」

　　我很認同佛里曼先生的看法，我們寫作的目的是要影響他人，進而激發反應。所以，您在產製內容的時候自然必須提供全新的觀點，方能打開讀者腦袋的電燈泡，進而照亮某個議題。

　　如果您還是不清楚該如何吸引讀者目光的話，我建議在開始動筆之前，最好先泡杯咖啡，好好想清楚以下幾個問題：

1　您想要影響的讀者是哪些族群？這些讀者是否有具體或相似的用戶輪廓？

2　您想傳達什麼理念，或是推廣哪些商品、服務？而這些商品又有什麼特色或獨特價值主張呢？

3　您想推廣的商品或服務，跟讀者之間有何關連？在購買或使用之後，又可以為他們帶來哪些利益或好處呢？

比「起承轉合」更簡單的 FAB 法則

嗯，我猜可能有些朋友曾聽過「**FAB 銷售法則**」（FAB Technique），這是一種向顧客分析產品利益的好方法。在進行產品介紹或分享銷售細節的時候，您可以針對客戶的具體需求，進行有目的性的說服。

所謂 FAB，其實就是 Feature、Advantage 和 Benefit 這三個英文單字的縮寫組合。請參考右圖。

F 就是 Feature，也就是指涉產品的屬性或功能，舉個例子：蘋果公司於 2019 年 9 月 10

FAB 銷售法則

日發表 Apple Watch Series 5，首度採用永不休眠的隨顯 Retina
顯示器，不必抬起或輕點顯示器，即可輕鬆查看時間與其他重要
資訊。全新定位功能，從內建指南針到目前高度測量功能，都可
幫助使用者更輕鬆辨別方向；有了全球緊急電話功能，顧客可直
接用 Apple Watch 在超過一百五十個國家或地區撥打緊急服務電
話，就算 iPhone 不在身邊也不成問題。

　　而 A 則是 Advantage，也就是優勢的意思，要說清楚自己
與競爭對手有何不同？像是：根據蘋果公司所提供的技術規格，
40mm 和 44mm 鈦合金版本的重量分別為 35.1 和 41.7 克，換句
話說，Apple Watch Series 5 更容易「讓人忘了它的存在」。

　　至於 B，就是 Benefit，也是客戶最重視的利益與價值。讓我
們再以 Apple Watch Series 5 為例，這款穿戴式裝置除了可以監
控健康狀況，錶面螢幕也擁有省電設計，當使用者的手垂放時會
自動調低螢幕亮度，輕點同時就能恢復成最大的亮度；除此之外，
還可以提供十八個小時的電池續航力，足夠一天的使用。話說回
來，也許各家的智慧手錶都大同小異，也很難真正讓消費者的眼
睛為之一亮。因此，唯有訴諸可以帶給消費者的利益，才能爭取
到眾人的眼球。

　　換句話說，我們要設法打到讀者的痛點。所謂的「痛點」，
意即社會大眾在原本購物或體驗服務的過程中未能獲得滿足，而
造成一種情緒的不滿或心理的落差。而這種內心的失落或痛楚，
久而久之也會形成一種負面的形象或感受。

　　如果我們能夠放大讀者心中的痛點，不只提供具體的解決方案，更能透過推廣、體驗等手法，明確告知可以帶來的價值、利益和好處，那麼便能成功吸引目標受眾，樂於接納我們所預埋的行動呼籲。

　　在撰寫文章的時候，我們除了可以運用「FAB 銷售法則」的概念來鋪陳或烘托，也可以結合理性和感性的表達手法來溝通。好比用理性的方式來傳達資訊，並結合感性的訴求來爭取情感認同，通常可以收到不錯的效果哦！

Vista 傳送門

想看更多 FAB 銷售法則的活用案例？請參考「內容駭客」的分享。
https://www.contenthacker.today/2017/10/
fab-technique.html

2　如何找到寫作靈感？
建立靈感資料庫，素材信手拈來

　　嗯，什麼是靈感呢？根據維基百科的介紹，靈感是根據自己的經歷而聯想到的一種創造性思維活動。靈感通常於腦海裡只出現一瞬間，通常於文化和藝術方面時特別需要有靈感。維基百科也提到，某些職業在創作時特別需要靈感，像是漫畫家、作家和填詞人等等。[1]

　　每次在上文案寫作課的時候，總會有一些同學問我：「老師，我該如何找到靈感呢？」感覺上，很多人創作的時候都需要依賴靈感。靈感似乎和寫作的關係真的有些緊密，但果真如此嗎？其實，我向來反對依賴靈感的。特別是針對那群時常需要創作的朋友，我都會鼓勵大家養成擺脫依賴靈感的習慣──否則，真的需要創作時，卻又沒有靈感怎麼辦？這樣豈不是很痛苦嗎？

▌激發靈感的六個方法

　　法國的雕塑家奧古斯特‧羅丹（Auguste Rodin）就曾經說過：「任何倏忽的靈感，事實上不能代替長期的功夫。」

　　寫作誠然是一條漫長的旅程，需要不斷地積累、輸出和打磨。當然，對於並非以寫作維生的朋友來說，也許不必真的這麼嚴苛，

偶爾依賴一下靈感也沒關係！

嗯，如果在內容產製的過程中真的沒有一絲靈感，那該怎麼辦呢？有沒有什麼辦法，可以幫我們把它「擠」出來？接下來，讓我來跟大家分享一下吧！

關於如何找到靈感，我列出了六個方法，簡單為大家介紹：

1 觀摩其他廠商的標語或宣傳文案：

參考、學習別人的做法，永遠是一個不錯且可行的方法，當然不是直接抄襲，而是透過借鑑的方式來發想和創新。還有，我們不只是參考同行的做法，偶爾也可以跨產業去觀摩一些不同領域的作品。比方您如果從事旅遊業，除了平時定期觀察一些飯店、旅行社或航空公司的宣傳策略，也不妨留意一下傳統產業的發展，或許可以找到一些關連的脈絡哦！

2 去逛逛便利商店、大賣場：

我也時常鼓勵文案課的同學，沒事就去逛逛便利商店或大賣場這類步調、節奏快的營業場所。嗯，我不是單單鼓勵大家消費，而是這些場域的變動非常快速，如果我們仔細觀察的話，可以看到很多有趣的新事物哦！舉例來說，您可以留意一下，店內是否張貼了什麼新標語？而結帳櫃檯上頭，又放了哪些促銷商品？我再舉個例子，前陣子我去全家便利商店消費，便看到他們在休息區的桌上貼了一張全家咖啡可以跨店寄杯的告示。甚至在結帳時，

店員還會主動問我是否下載了 App？要不要累積集點？而這一連串的動作，也讓我發現了全家便利商店近來正在大力推展他們的 App，並以咖啡寄杯、集點換贈品等各種優惠來吸引目標客群。

3 善用「如何」、「現在」等關鍵字：

我常在文案寫作課帶領大家玩「造句」遊戲，並鼓勵同學們換位思考，從解決目標受眾的困擾開始發想。領導學專家，同時也是暢銷書《先問，為什麼？啟動你的感召領導力》的作者賽門‧西奈克（Simon Sinek）告訴我們，想知道怎麼抓住消費者，可以利用「操作」與「感召」的方式來驅動他們。所以，您有空的時候不妨多善用這些具有時效性、渲染力的關鍵字來發想吧！

4 看電視、電影、報紙和雜誌：

雖說現在看電視的人相較以前減少許多，大家也都習慣上網攝取資訊，但電視、報紙和雜誌仍是人們生活中相當重要的媒介，也有很多網路未必會刊載的資訊值得我們關注。至於電影，這不只是一種平價的娛樂，也可說是流行資訊的觀測站。沒事多看電影，對於激發靈感也會有幫助唷！好比前陣子我看了《獅子王》這部電影，就從中感悟到人性的脆弱，也給我一個嶄新的靈感。

5 找其他人腦力激盪：

有時，我們自己絞盡腦汁也想不出什麼好點子，這時不妨可

以找同事、朋友一起討論。有一句俗諺：「三個臭皮匠，勝過一個諸葛亮」，透過群體的力量集思廣益，也是很不錯也有效的辦法哦！

6 休息一下：

　　嗯，如果真的無法構思出具體的方案，也不必太過勉強，不如就先休息、放空一下吧！我喜歡散步，並且習慣在步行的過程中觀察行人，以及大家的生活脈動。我也發現有很多作家、音樂家都喜歡散步，像是查爾斯·狄更斯（Charles Dickens）每天下午都會固定散步三小時，而在這個過程中的觀察也會直接寫入故事；「樂聖」貝多芬（Ludwig van Beethoven）也會在午餐後閒逛一段時間，他不忘隨身攜帶紙筆，以便在靈感襲來時進行記錄。

　　簡單來說，搜集靈感的流程不妨從觀察生活周遭的事物開始做起。保持盈滿的好奇心，捕捉您對這個世界的各種反應，最後別忘了思考和行動！

　　當靈感與我們招手，別忘了立刻拿紙筆或用電腦、智慧型手機記錄下來哦！我最近也很習慣隨身攜帶錄音筆，一想到什麼有趣的點子時，我就會立刻撳下錄音鈕，然後開始記錄。有人說「靈感是思考的前身」，光是記錄靈感其實還不夠！我們還得經過淬鍊、打磨，才能把乍現的靈感昇華成創作的骨血。

▍用對工具，建立靈感資料庫

香港導演王晶接受專訪時，就曾說過：「如果只依賴靈感，就稱不上專業；只會依賴靈感，就是業餘的。」所以，靈感固然可以幫創作加分，但創作者最好不要依賴靈感。要知道，靈感往往不是「呼之即來，揮之即去」，需要經過累積和組織，才能成為必要時可以派上用場的武器。

我也常鼓勵大家運用數位工具或筆記本，動手創建自己的**靈感資料庫**。不過，在開始前必須先想清楚，我們搜集資料的目的為何？不是把資料庫裝好裝滿就行，重要的是要懂得組織與整理靈感，並加以活用。

很多人在苦等靈感來臨的時候，往往不知不覺花費太多的時間。其實，我們沒必要等靈感或資料都齊備才能啟動，通常只要有兩、三成的資料，就可以開始試著整理動筆了！甚至，我覺得直接開始動手寫作也沒關係，後續再來整理、歸納，或是調整自己搜集資訊的方向即可。

這幾年，也常會有些朋友會問我：「Vista 老師，您會建議大家使用哪一種工具來建立靈感資料庫呢？」

其實，這並沒有標準答案，只要自己用得順手就好囉！由於坊間的網路服務和數位工具相當多，也不時會有很多厲害的新服務問世，所以您無須拘泥一定非要用 Evernote[2]、Quip[3]、Trello[4] 或 Notion[5] 等工具，只要找到自己習慣使用、覺得順手的

方式就好，同時養成觀察事物的習慣，對天地萬物都抱持好奇心，還要隨時記錄哦！

不過，可以跟大家分享一下，近期我使用最多的數位工具是 **Notion**，它不但可以建立各種資料庫、待辦事項清單、遠端工作協作，甚至還可以建立自己的維基系統，真的是非常方便！

舉例來說，您知道每個月份都有哪些節慶、活動、星座或是具有代表性的展覽、講座嗎？您曉得消費者對哪些事物特別敏感嗎？就我個人的觀察來說，舉凡社交、情感、專業、實用資訊和時事等議題，特別容易引起社會大眾的關注。所以，在產製內容時也不妨從這些面向切入，不只是搜集靈感，也可同時思考內容行銷的方針。

Vista 傳送門

更多關於靈感資料庫的運用，請參：
https://www.contenthacker.today/
2018/09/build−a−inspiration−database.html

免費註冊好用的 Notion 帳號！

　　我喜歡用 Google Trends[6]、DailyView 網路溫度計[7] 或專頁儀表板[8] 等數位工具來搜集行銷議題的情報，藉此掌握網路上的熱門新聞與趨勢、動態。我也特別推薦大家使用 Google 快訊[9]，彷彿幫自己請了一位助理，好比如果您對「內容行銷」感興趣，不妨可以透過 Google 快訊訂閱這組特定的關鍵字。

　　此外，我也會關注一些特定的專家、學者和意見領袖的言論，像知名的賽斯‧高汀（Seth Godin）[10]、蓋瑞‧范納洽（Gary Vaynerchluk）[11]、尼爾‧巴德爾以及國立臺灣科技大學資管系教授盧希鵬[12] 等人。可以從他們的 Facebook、部落格或 Twitter 等其他社群媒體，得到許多最新且有用的資訊、情報。

　　至於華文地區的 Facebook 粉絲專頁，我會關注某幾個與數位行銷、電子商務有關的粉絲團，像是：Motive 商業洞察[13]、品牌行銷學[14]、臺灣電子商務創業聯誼會[15] 與 Inside 硬塞的網路趨勢觀察[16] 等。

　　而在 Facebook 社團的部分，我會推薦大家申請加入以下這幾個社團：社群丼 Social Marketing Don[17]、TeSA 台灣電子商務創業聯誼會[18]、行銷部落[19]、社群媒體經理互助會社[20] 以及 Digital Marketing Connect[21]。

　　特別值得一提的是 **Digital Marketing Connect** 這個社團，成立時間雖不久，但因為是由目前人在荷蘭從事網路行銷相關工作的臺灣網友所負責經營，所以上頭會有很多新穎的資訊。如果您想多了解國外最新的行銷趨勢，也不妨申請加入這個社團唷！

Vista 傳送門

想加入 Digital Marketing Connect 社群？
https://www.facebook.com/groups/
260479834863211/

　　除此之外，現在只要一看到有趣的事物，或是和科技、行銷等產業相關的資訊，我就會立刻掏出手機拍照，或是利用搜狗智能錄音筆、科大訊飛語音輸入法等數位工具，迅速地留下文字或語音記錄，並自動上傳到 Google 雲端資料庫。如此一來，就可以確保資訊安全地保存在資料庫囉！

深入產業生態，讓素材活起來

　　當然，我們也要深入理解自己所處的行業生態，弄清楚箇中的脈絡與組織文化。不只熟悉各種趨勢，也要對行業資訊以及數據瞭如指掌。有關靈感資料庫的建立，平常我還會搜集各種傳單、宣傳物，或是隨手儲存網路上一些不錯的圖文資訊。此外，我也常看各種研究報告和趨勢資訊，重要的是不只鑽研內容，我也會重視圖文配置和版面編排……。

　　從事行銷相關的工作，我們平時除了要多看、多想與多記錄

之外，若能搭配靈感資料庫的組織、運作，自然能讓許多嶄新的
思維和有趣的線索蹦入腦中，進而內化成自己慣用的思維模式。
要知道，一個好靈感很難憑空出現，除了運氣，我們也需透過一
套有系統的方法和工具的協助，才能持續增進思考與創作的效率。

　　平常，我也會搜集各種有趣的素材，或是會把網路上一些不
錯的 DM 存下來。我不但會搜集各種圖片，研究上頭的文案和排
版樣式，我連顏色配置也都會仔細研究哦！如下圖所示，我會利
用一款名為 Eagle[22] 的設計師圖片管理工具來管理各種圖片。

Eagle 設計師圖片管理工具

　　其實，您無須對於採用的工具設限，最重要的是要建立一套
自己搜集資訊和組織靈感的流程，同時在開始產製內容時，可參
考右頁圖，必須謹記目標受眾（Audience）、商品特色（Feature）

AFA 寫作三元素

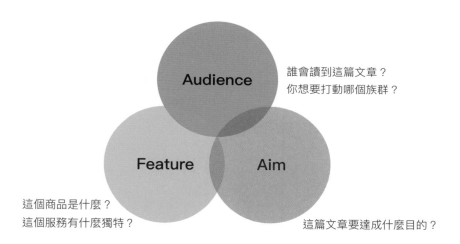

誰會讀到這篇文章？
你想要打動哪個族群？

這個商品是什麼？
這個服務有什麼獨特？

這篇文章要達成什麼目的？

和撰文目的（Aim）這三個寫作元素。如此一來，便能一步步地找出當中的交集點，並以理性和感性搭配的方式來產製內容。

物理學家王業寧曾經說過：「要創新需要一定的靈感，這靈感不是天生的，而是來自長時間的積累與全身心的投進。沒有積累，就不會有創新。」我很喜歡這段話，最後謹以這段話與您共勉之！

3 如何加速提升寫作技巧？
文案金三角，搭配標題效果好

　　看完第二節之後，我相信您現在應該對於如何找到靈感有了更多的認知。接下來，就讓我們來談談如何提升寫作技巧這個課題吧！

▎商業寫作的「金三角」法則

　　根據過去這幾年在企業界和大學院校教授文案課的經驗，我發現其實很多朋友都有心想要增進自己的寫作能力，不過比較可惜的是抓不到要領。嗯，現在就讓我來試著回答這個問題吧！

　　想要提升寫作技巧，並沒有大家想像得困難哦。我覺得，您可以從幾個面向切入：

1 **強化輸出能力：**

　　輸出能力要如何鍛鍊呢？首先，自然就是要先大量輸入，也就是平常要多閱讀書籍，多觀察生活周遭的事物。閱讀和寫作互為表裡，但切記不要囫圇吞棗，不僅僅是飽覽群書，更要能夠從作者的視野和角度出發，觀摩其寫作手法以及獨特觀點。但輸入的目的其實是為了輸出，所以光是大量閱讀還不夠，我們還要能

夠理解、整合和學習應用。在輸入和輸出之間，也別忘記要經過處理和加工的程序！

一如日本作家金川顯教在《聰明人都實踐的輸出力法則：用 1% 投入做到 99.9% 產出，徹底翻轉工作與人生》書中所倡議的「iOIF 產出術」，也值得參考。他鼓勵大家先透過「微投入」來「產出」，之後再繼續「投入」，並設法取得「回饋」。這個套路跟我自己的做法雷同，總之先寫就對了！

2 訓練思考能力：

如果想要把一篇文章寫得精彩，或是把箇中的道理說得透徹，寫作者自然必須要先做好很多的功課，換句話說，也就是需要把很多事情的前因後果、來龍去脈都先仔細盤點過。唯有訓練自己內建縝密思考的能力，方能好整以暇地組織一篇有架構的文章。

3 培養解決問題能力：

我們必須把讀者放在第一位，所以在動筆的時候，不妨先思考這篇文章想要傳達哪些觀點？可以帶給讀者哪些具體的利益和好處？或是幫助他們解決那些問題和痛點？只要能夠徹底幫大家解決相關的問題或疑難，您所寫出來的文章自然也具有說服力。

您千萬別把寫作技巧想得太複雜或神聖了，其實只要多加強

自己的輸出能力、思考能力和解決問題的能力，再加上平常持續與大量的實作練習，自然就會進步了！

如果我們先撇除文學類型的創作不論，無論您想要撰寫商品文案、企劃書、會議記錄或商業簡報，都可以列入在商業寫作的範疇中。想要精進寫作技巧，除了鍛鍊以上三種能力之外，我也建議您可以運用我幫大家整理的「黃金三角法則」，來拆解商業寫作的內容架構，請參考下圖。

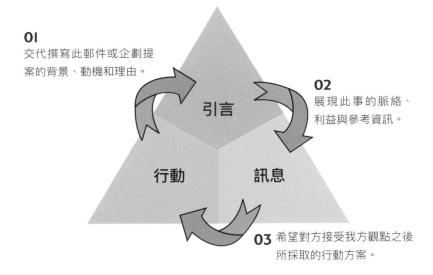

01
交代撰寫此郵件或企劃提案的背景、動機和理由。

02
展現此事的脈絡、利益與參考資訊。

引言

行動　　　訊息

03 希望對方接受我方觀點之後所採取的行動方案。

我們以撰寫商業郵件為例，這應該是許多朋友每天都會面對的工作場景吧！但您知道要怎麼寫商業郵件，才能收到迅速溝通的效果嗎？

　　我會建議大家採用「黃金三角法則」，也就是利用引言、訊息和行動這三個支柱來撐起一篇文章的架構。一開始，您可以先撰寫一段簡單的引言，清楚交代撰寫這封電子郵件的背景、動機和理由。然後迅速帶入正題，透過文字、圖表等資訊來展現相關議題的脈絡、利益與參考資訊，讓對方可以很快就一目了然。經過一番訊息的傳達與溝通，最後當然希望對方能夠接受我方觀點，進而採取特定的行動方案。

金三角的內容策略運用

　　其實，您也可以把「黃金三角法則」視為是內容策略的一種應用。

　　什麼是內容策略呢？我曾在第二章跟大家介紹過內容策略，根據 Brain Traffic 公司創辦人克莉絲汀・哈佛森（Kristina Halvorson）[23] 的說法，內容策略就是為了創建、發布和管理有用的內容做準備──重要的是，負責產製內容的人必須有所定見，並且需要事先定義哪些內容將被發布？以及為何需要發布它？[24]

　　當然，內容策略本身也是一種意外的禮物，因為內容產製者往往被賦予重大的責任，亦即在正式開始啟動內容計畫之前，必須對現有內容進行詳細的審計和分析。

　　想要精進寫作技巧，最好也能制定明確的內容策略：很多人習慣在寫文章之前先打草稿，但我更建議大家在開始著手產製內

Vista 傳送門

現在就加入 Vista 寫作陪伴計畫！
https://www.facebook.com/vista.writing.
program

容之前，先行思考內容策略與布局。想清楚之後，再根據這些重點來擬定大綱，最後透過書寫來講故事或傳達觀點。

簡單整理一下，我們在寫作之前不妨先設定好大綱，再來思考文章想要傳達的重點是哪些？到底要對誰（目標受眾）說？而文章中有哪些獨特的觀點或利益，也一定要具體地說出來，才能夠達到溝通的目的。

個人認為，商業寫作畢竟不同於文學創作，只要能夠清楚、通順地把自己的想法表達給受眾即可。換言之，唯有好的內容才能夠直指人心，讓人留下深刻的印象，而這才是制定內容策略之後所體現的核心價值。

至於很多人擔心文筆不好的問題，或是不擅於說故事，這點倒是其次，我們可以透過刻意練習來加強。就像我從 2019 年 1 月開始推動的「**Vista 寫作陪伴計畫**」，透過手把手的方式陪伴學員練習寫作，許多學員藉由每兩週至少繳交一次作業的方式強迫自己投入內容產製，三個月下來便能有長足的進步。

如今，已經有學員順利出版自己的著作、找到喜歡的工作，也有人打造出高轉換率的銷售頁囉！

▎下個好標題，讓 Google 看到你

談到精進寫作技巧的過程中，我知道還有一個問題是大家時常討論和關心的，那就是該如何下標？

嗯，下標誠然是一門學問。標題，不只是反映文章的主要內容或中心思想，更需要考慮讀者的感受與閱讀欲望。也正因為標題是如此地重要，所以我們絕對不能輕忽這短短的幾個字。

我常在文案寫作或內容行銷的課堂上，半開玩笑地跟同學們說：「身處在當今這個網路時代裡，如果貴公司的產品、服務想被大家看到，那麼就必須先被 Google 看到！」可想而知，如果您的文章有了一個好的標題，文章將會比較容易被搜尋引擎「看見」──再透過 Google 的推波助瀾，自然可以被廣大的目標受眾所發現。

在過去以報章雜誌和電視等傳媒為主要傳播的年代，讀者們平均會有三秒到八秒的時間思索，是否要看這篇文章？但在如今這個資訊碎片化極其嚴重的網路時代，每個人平均只花零點幾秒的時間，就要立刻決定是否繼續觀看內容？嗯，仔細想想真的很殘酷。

如果能寫出一個吸睛的標題，自然也能吸引大家繼續閱讀。所以，我也想在這裡鼓勵您寫出新意，而別跟風寫出那種譁眾取寵的內容農場式標題──我真的建議想要學好下標的朋友，請務必從日常生活的洞察中出發。與其譁眾取寵或胡亂堆砌詞藻，我

想讀者們更在意的應該是您的文章內容吧！

嗯，在下標之前，您也不妨先思考兩個問題：您認為這篇文章的主軸是什麼？另外，您希望讀者看到這個標題的時候，會聯想到什麼議題或畫面？

很多人在寫作的時候，只關注自己想要說什麼？卻忽略了「換位思考」的重要性。

我們以 2019 年春天發生的華航機師罷工事件為例，假設您要寫一篇評論文章，便可以考慮從旅客權益、勞工身心安全或企業競爭力等不同面向切入，甚至還可以從華航公布的財務損失說起……。

好比我們有一位文案課的同學，就幫這則新聞下了這個標題：

華航再爆罷工：5 天損失 3100 萬，解決誠意在哪裡？

顯而易見，這位同學巧妙運用巨大的金額來營造畫面感，讓人感受到罷工短短五天，卻造成了重大的經濟損失，讓人必須正視這個議題。

我們再以 NBA 的華裔球星「林來瘋」林書豪轉戰暴龍隊來說，不僅能夠從球隊戰績、林書豪上場空間、球隊文化甚至是進軍季後賽的機率等不同面向切入，也可以把林書豪打球的一些特質或數字置入其中，以營造讓人有感的標題。

比方有位同學，就幫這則新聞下了這樣的標題：

「豪」手現身：林書豪轉戰暴龍隊，季後賽有望再颳林來瘋

嗯，這種運用諧音的下標方式，您是不是也覺得很有趣呢？

整體而言，下標的時候除了可以置入一些關鍵字，您也可以設法營造出畫面感，或巧妙運用名人證言、數據等元素，讓人一眼看到這個標題就過目不忘。

想要寫出吸睛的好標題，光是依賴靈光乍現往往不切實際。除了掌握下標的原則之外，大量練習也很重要，每次談到這個議題的時候，我總會想起曾被譽為「地表歷史最強射手」的 NBA 知名球星柯瑞（Stephen Curry）。

很多人羨慕柯瑞天賦異稟，卻不知道他曾經說道：「我在休季期間付出了大量的時間去練習，而且我充滿自信，隊友們也為我創造出許多機會、幫我做掩護。所有的一切組合在一起，也幫助我打出一個出色的新球季。」

一如柯瑞的火熱手感來自大量練習，我也相信多觀摩別人的作品和自己開始練習寫作，就會對下標這件事益發熟稔。

嗯，如果您也想要寫出吸睛的標題，或是希望精進自己的寫作技巧，我真的建議一定要熱愛寫作，並且找出時間來刻意練習！當然，除了練習之外，平常也可多翻閱報紙和雜誌等平面媒體，觀摩自己特別喜歡的某些作家、記者或部落客的作品哦！

4 敢說真心話，
三十分鐘寫出千字好文

　　我還記得在 2019 年 2 月的時候，曾經在「內容駭客」網站寫過一**篇文章**，跟大家分享自己如何在半個小時內寫好一篇部落格文章。這篇文章一發表之後，意外得到了許多的迴響。

　　我每次在撰寫部落格文章時，大概只花費半個小時左右的時間，快的話甚至二十分鐘內可以搞定⋯⋯而且，不是單單撰寫文章的部分而已，還包括尋找題材、找圖、修圖、上稿和排版唷！

　　我本來以為這沒什麼了不起，只是按表操課的基本動作而已。殊不知好多讀者以及文案課的學員看完之後，卻覺得有些不可思議！紛紛透過管道和我聯繫，希望知道這是怎麼辦到的？

　　其實，我必須說 —— 半小時並不是重點，我也不覺得自己很厲害⋯⋯只是看到很多朋友寫一篇文章得花上兩、三小時的功

Vista 傳送門

照著流程做，相信您也可以半小時生出一篇部落格好文！
https://www.contenthacker.today/
2019/02/write–your–blog–post–faster.html

夫，甚至還得花上大半天的時間，就覺得這樣不太有效率，也不免為大家感到有些心疼。

我試著拆解和分析自己的寫作流程，找出了一些線索。我想，自己之所以能夠那麼快完成一篇文章，除了熟能生巧的緣故之外，也並不必然因為每次寫作時都能文思泉湧……而是，我已經掌握了一些寫作技巧。

▍三步驟！超快產出好文章

在此，我很樂意跟大家分享自己快速產製內容和撰寫文章的一些流程與方法。

以搜集撰寫文章所需的資料來說，如果您能參考本章第二節所提到的建立靈感資料庫的方式，那就太棒了！除了平時的積累之外，我也會從 RSS Reader、Google 新聞[25] 上頭尋找線索。另外，我也推薦大家安裝 Zest [26] 的瀏覽器擴充外掛程式，只要輸入一些關鍵字（例如：content marketing、blogging 或 digital marketing 等），就可以從上頭找到很多有趣的新文章。

也有學員曾經提到，他有不知如何下筆的困擾。簡單來說，在開始寫文章之前，我們除了搜集資料，更需要去思考很多的面向，像是：目標受眾、觀點、意義、價值以及靈感……等等。想清楚之後，自然就比較容易下筆。所以，如果您也有這樣的困擾，或許也別太焦慮，自己先沉澱一下，思考可以從什麼角度切入？

先有了方向之後，就不難寫出一篇具有獨特視角或價值主張的好文章。

Step 1 | 說出真心話

舉例來說，如果您利用週末和家人一起出遊，去參觀桃園縣的某家休閒農場，回來之後想寫一篇遊記的話……嗯，不妨事先思索一下，是農場的設施、風景比較吸引您？還是農場主人用心栽種水果、蔬菜的故事，更讓您有下筆的衝動呢？

我很鼓勵大家要勇敢說出自己的觀點，不必保留或觀望。畢竟，讀者們之所以閱讀您的文章，就是想要知道您對這件事情的看法。即便不小心說錯了也無妨，頂多事後道歉並儘快修正，我想應該也都還來得及。

Step 2 | 圖片的搭配

除了文章本身的書寫，我對圖片或排版也有一番講究。所以，每次我都會仔細連上 CC0 圖庫，挑選合適的特色圖片，並且利用影像處理軟體把圖片編修成固定大小的尺寸。這樣做的用意很簡單，就是希望營造獨特的風格，也讓讀者有舒適的閱讀體驗。

所謂的「CC0」，就是指原創作者提供另一種「不保留權利」的授權選擇，讓權利人能選擇不受著作權及資料庫相關法律保護，也不享有法律直接提供給創作人的排他權。換句話說，只要從世界各大 CC0 圖庫上頭下載圖片，就不用擔心侵權的問題。

即便是商業用途,也不打緊。

之前我曾寫過一篇文章,幫大家整理十來個好用的 **CC0 圖庫**。如果您也想參考,請掃描傳送門的 QR Code,快來試試喔!

Step 3 │讓人找到您的作品

處理好圖文的部分之後,我會開始撰寫搜尋說明,並給文章**設定永久連結網址和主題標籤**。這些部分看似瑣碎,卻相當地重要;我曾在「內容駭客」網站介紹過這些資訊,就不再贅述,歡迎有興趣的朋友掃描 QR Code 來閱讀哦!

以上,大致就是我處理一篇文章的流程。如果順利的話,大約可在半小時之內搞定,最多也不會超過一個小時。

Vista 傳送門

巧妙運用 CC0 圖庫,幫您的文章畫龍點睛!
https://www.contenthacker.today/
2018/07/cc0-free-photo.html

追求 SEO 效果,別忘了自訂文章網址!
https://www.contenthacker.today/
2018/02/custom-permalink-blogger.html

▏隨心書寫，事後組織也不遲

其實，我想跟您分享的重點，並不在於寫作速度和字數的多寡，真正要緊的是我們必須從讀者的角度出發，不只注意帶給目標受眾的具體利益和價值主張，更需要考量內容的脈絡和整體的節奏，以及是否給大家帶來舒適的閱讀體驗？

很多人以為要寫出擲地有聲的文章，就一定要引經據典，或者運用很多華麗的詞藻，其實這不見得正確。要知道，一篇好的文章必須能夠讓讀者能夠很快地理解觀點和想法，文筆通順是基本的要求；至於創意和靈感，那只是加分的選項罷了。

很多人對於寫作有一種莫名的恐懼，總覺得自己寫出來的東西平淡無奇，總是比不上一些部落客或作家。其實想要提升寫作技巧，我覺得真正的重點不在於「該怎麼寫」，而是「無論如何，就寫吧」！

從 2019 年開始，我陪同參與「Vista 寫作陪伴計畫」的夥伴們一起練習寫作，這群朋友在我的鼓勵之下開始嘗試創意寫作，透過繳交作業，也讓我看到他們的進步與成長。其實，寫作沒有大家想像地那麼難，只要把自己腦袋裡想的東西寫下來，再加以組織就成了。

日本知名作家村上春樹也曾說過：「不如捨棄所謂小說就是這種東西，文學就是這麼回事的既成觀念，把感覺到的事，腦子裡浮現的東西，隨心所欲、自由自在地寫出來就行了吧！」

想要快速產製內容，重點就是平常要多輸入，更要勇於輸出。讓我們跟日本作家村上春樹學習，把感覺到的事或腦子裡浮現的東西，隨心所欲、自由自在地寫出來吧！

最後，我再總結一下內容產製的流程，請參考下圖。

內容產製的流程

思考
內容價值

著手
內容產製

善用
通路發布

在正式開始動手之前，我們應該先思考內容所帶來的價值，然後再來考慮內容產製的方法。很多人一聽到要寫文案或製作簡報，就開始連上 Google 搜尋引擎拼命找資料……嗯，這樣的做法往往不是很理想，效率也不會太好喔！

產製內容之前，我們得先弄清楚這篇文章是為誰而寫？以往，我也曾寫過很多有關**目標受眾**的文章，提醒大家要把讀者放在心上。如果您有興趣的話，可以透過傳送門來閱讀唷！

請謹記，不要只是傻傻地寫，而是要先思考我們付出心力和時間成本所產製的內容，是不是目標受眾所需要的？而這些內容，又能否帶來價值和利益呢？

　　為了加快寫作速度，除了可以參考前面我所介紹的撰寫文章的方法，我也建議大家可以嘗試建立自己寫作的框架，從找特色圖片到寫文、排版等，嘗試制定一個擁有個人風格的流程。當然，平常還要多看書、搜集資料和儲存靈感；如此一來，寫起文章自然就會比較快了。

　　除此之外，我也鼓勵大家要多涉獵各種報章雜誌或網路媒體，看看是否有哪位作家、記者或部落客的寫作方式是您所喜歡的？舉個例子，假如您想嘗試寫投資理財方面的文章，就可以先觀摩諸如綠角[27]、安納金[28]或許凱廸[29]等財經高手的作品哦！

　　看看別人如何取材、下標和處理文章的架構，我相信可以獲得不少的啟發。我們可以從觀摩、學習他們的作品開始，透過刻意練習來精進自己的寫作技巧。然後，慢慢地走出別人的影子，進而建立自己獨特的寫作風格。

Vista 傳送門

「內容駭客」關於「目標受眾」的好文，全部集結！
https://www.contenthacker.today/
search?q= 目標受眾

· CHAPTER ·

5

七大訊息途徑，數位商機完全掌握

想經營品牌，卻不想搭建官方網站？

部落格的時代早就過去？電子報不再有導流效應？

這些被一般人認為已經落伍的訊息傳播途徑，

其實都蘊藏龐大的開發潛力。

您只是還沒找到正確的應用方式而已。

官方網站
不被演算法綁架，
你要有自己的主場

1

我在第四章，已經為您介紹了內容產製的原理，包括：如何開始下筆、如何找到靈感、如何提升寫作技巧以及如何快速產製內容等主題。接下來，就讓我們開始進入正式的內容產製流程吧！我會透過官方網站、商品文案、社群媒體、新聞稿、部落格、銷售頁以及電子報等不同的主題，來為各位做一番詳盡的介紹。

▎建立主場，對抗難以捉摸的演算法

一說到官方網站（Official Website），很多人可能眉頭一皺，立刻流露出興趣缺缺的表情。我發現有不少朋友對官方網站的認知並不夠正確，甚至還存留著一些糟糕的刻板印象……他們以為，官方網站上頭就只是擺放一些八股或老掉牙的訊息，甚至還有很多人會問：「嗯，現在還需要大費周章地成立官方網站嗎？不是只要有 Facebook 粉絲專頁或 Instagram 就好了嗎？」

其實，建立官方網站的好處非常多，不只是幫公司行號在網路上設立據點，有助於內容行銷和宣傳，更能夠對外傳達經營理念與願景，營造品牌故事與爭取社會認同，進而與更多的潛在顧客對話。

　　從字面上來看，官方網站這幾個字彰顯了公信力和權威性，也是公司行號對外傳播、行銷的發動機。舉例來說，如果您是五月天樂團的粉絲，隨便上 Google 搜尋，立刻就可以找到接近四千萬筆的搜尋結果，但是問題來了……這麼多的資訊，您怎麼可能看得完？而且，上頭各式各樣的資訊都值得五迷們信賴嗎？我想，這個時候只有連上由相信音樂所經營的五月天樂團官方網站，才能確保得到這幾位才華洋溢的音樂人的最新動態。

　　其實，官方網站的用途不只是得以宣傳企業理念和分享產品資訊，更可以用來做生意唷！更重要的是搭配特定的網域名稱來經營官方網站，在網路上可積累企業的商譽和信任感；如此一來，不僅有利於搜尋引擎最佳化，同時也方便公司內部的人員進行稽核和管控。當然，對於廣大的粉絲或客戶來說，倘若能夠透過官方網站來搜尋資料或聯絡客服人員，其實也會更方便和更有保障。

　　反觀 Facebook 粉絲專頁雖然方便，但畢竟不是自己的「主場」（主場是指團隊運動賽事或聯盟隊伍的基地，通常為一座球場、體育場等體育場地，與象徵賽事內其他隊伍根據地的「客場」相對；場地則可能使用自有財產、或者向外租賃。此制度常見於足球、籃球或棒球等職業運動興盛的的運動項目），上頭的粉絲和相關數據也只是 Facebook 借給我們的，很多時候我們還是得要看 Facebook 的臉色。

　　所以，如果您想要永續經營貴公司或自家的品牌，有一個自

已的主場還是很重要的。我認為，比較好的方法是以官方網站為主，再搭配部落格、Facebook 粉絲專頁、YouTube 頻道或社團等不同平臺和通路來一起運作。

對企業或組織而言，官方網站存在的最大意義，其實不只是展現品牌形象而已，更肩負了與潛在顧客、粉絲溝通的重責大任。《流量池》一書的作者楊飛就曾經提到，品牌是最大的流量池，而官方網站則是企業與顧客之間最重要的品牌接觸點。

▍官方網站的運作邏輯

官方網站的運作邏輯，其實和一般網站沒有太大的不同，主要的運作邏輯可以分為以下三個層面，大家不妨參考一下！

第一個層面，資訊整理。

很多訪客之所以拜訪企業或組織的官方網站，無非是要查詢公司簡介或產品、服務的訊息。所以，當我們要打造自家的官方網站時，也應該要把這些資訊都整理好，最好能夠分門別類地進行組織和管理。當然，我也會建議您給每個網頁都加上標籤和關鍵字，並安排清楚、妥當的動線，以便網友搜尋和瀏覽。除此之外，最好還可以遞交貴站的網站地圖（Sitemap）給 Google、Bing 等主流搜尋引擎，此舉也有利於搜尋引擎最佳化。

第二個層面，訊息更新。

不過，要注意的是官方網站並非大雜燴，別以為把貴公司的一些歷史資料、大事記或產品資訊通通放上去就沒事了！官方網站能否持續發揮其效用，不是資料多就好，還得要有專人來負責經營與管理才行。

所以，除了定期更新貴公司的資訊之外，更別忘了官方網站是與目標受眾之間最重要的品牌接觸點，所以必須隨時掌握訪客們的動機與需求。

舉例來說，我認為像是宏碁電腦的官方網站就做得不錯！連上他們的網站之後，可以立刻看到頁面上方的導航欄有三大單元，分別是家用、商用和服務支援，可以讓訪客迅速地根據自己的需求找到相關的網頁單元。而且，該公司的網站採用響應式網頁設計（RWD，Responsive Web Design），也可照顧到行動裝置用戶的需求，這一點也值得嘉許和學習。

第三個層面，客戶服務。

客戶服務，往往也是官方網站最重要的功能之一。我建議官方網站的經營者除了要提供完整的諮詢方案和服務，最好也能夠安排專人來回覆來電、信件等客戶服務的工作。甚至，現在坊間有很多不錯的雲端客服方案（例如：Intercom、Zendesk 等），也很適合考慮搭配使用哦！

▌官網必備的元素與細節

　　一般而言，官方網站的建置至少需要具備四項元素，也就是公司簡介、產品資訊、聯絡管道以及附帶的資訊。當您在規劃網站架構的時候，我會建議可以按照貴公司所處的產業，先行參考國內外屬性類似的網站，看看別人採用了怎樣的架構和哪些內容元素？然後，再來勾勒自己官方網站的網站地圖，也就是所謂的網站地圖（Sitemap）。

　　在這邊，讓我再跟大家分享一個有趣的資訊，您知道官方網站除了首頁之外，哪個頁面的流量最高嗎？答案是「關於我們」（About Us），這其實不意外，對嗎？因為訪客會連上企業、組織的官方網站，通常都是帶著問題或好奇心而來！所以，如果我們能夠預先把公司的發展沿革、團隊成員、大事記乃至於產品資訊、型錄……等資料都預先整理好的話，就可以幫訪客節省很多的寶貴時間囉！

　　除了上述的四大元素之外，我們在建置官方網站的時候還需要注意哪些細節呢？以下，我也簡單列出幾個重點，請參考右圖。

建置官方網站的注意事項

第一個重點，要給予官方網站明確的定位。

　　顧名思義，官網是代表某種身分所設置的網站。以企業來說，自然必須先界定自家的官方網站提供哪些服務？針對哪些目標群眾進行溝通？希望訪客造訪官方網站之後，能進行哪些互動？唯有先弄清楚這些重點，才能給予官方網站一個比較清晰、明確的定位。

第二個重點，加快官方網站載入的速度。

　　因為我們身處在這個碎片化的資訊焦慮年代，大家的注意力已經成為非常稀缺的貨幣！所以，貴公司網站載入的速度如果太慢，可能大家就沒什麼耐心等待了！而且，根據國外媒體報導，Google 也會把網站載入速度列入整體評比，如果貴公司網站的速度太慢的話，也會不利於搜尋引擎最佳化哦！有興趣的朋友可以參考 **PageSpeed Insights** 這款由 **Google 提供的網頁效能工具**，以確保您的網頁在所有裝置上都能快速載入。另外，基於行動年代的來臨，現在設計官方網站的時候也要考慮跨載具的瀏

Vista 傳送門

活用 Google 的網頁效能工具，讓網頁在所有裝置上都能快速載入！
https://developers.google.com/speed/pagespeed/insights/

覽，最好能支援響應式網頁設計唷！

第三個重點，提供具體且獨特的價值主張。

所謂的價值主張，不僅包括提供給消費者的具體利益，而且還包括企業對社會、人類的態度和觀點。針對建立官方網站一事，企業所需思考的層面不只是為了曝光和宣傳，更應該思考可以提供給目標受眾哪些顯而易見的好處？如何讓廣大的網友，可以用比較正面的角度認識貴公司？

第四個重點，建構清楚的網站導航設計。

老實說，談到一般企業的官方網站，其實並不是一般人會感興趣的焦點，大家拜訪的頻率也有限。話說回來，網友之所以造訪貴公司網站，通常都是帶著明確的目的前來的——也許是想要了解企業的最新動態，或是希望搜集特定的資訊，抑或想知道最新的產品與服務的資訊等等。在了解大家的需求之後，就應該盡可能地提供明確的導引，讓大眾可以很快地按圖索驥，進而找到想要瀏覽的網頁或相關資訊。

整體而言，官方網站的建置首重使用體驗的考量，而不只是單單注重美觀和聲光效果。換言之，光是把網站頁面設計得美輪美奐還不夠，我們更應該傾聽眾多訪客的心聲，設法了解他們的需求和造訪動機，方能進一步提供貼心的服務。

　　最後，我想再幫大家歸納一下，想要打造一個優質的官方網站，通常必須兼具感官、認知、行動與情感等四個指標的特色。除了透過豐富的影音、圖文來傳達資訊，也要能夠在字裡行間讓訪客產生對於品牌價值的認知，進而發揮行動呼籲的效果，讓他們願意採取購買、註冊或填寫表單等特定的行動，最後才能夠讓訪客與貴公司建立長期而穩定的情感連結。

2 社群媒體
建立專業形象，提供周到服務

　　如果問問大家，社群媒體到底是什麼？我猜想，可能很多人會直接聯想到 Facebook、LINE 或是 Instagram 這些每天都會使用的網路服務吧！

　　其實，社群媒體的範疇很廣泛，而且社群早從人與人相遇的那一刻起便已存在了，也並非現在才有。只不過，近年來國內外陸續出現眾多便捷的資訊服務和數位工具，得以更方便地匯聚興趣相仿的同好。

　　言歸正傳，各種社群媒體的存在，都有其不同的目的與價值，自然也有其強項和獨特價值。很多人曾問過我，現在市面上有這麼多種的社群媒體，如果想要投入社群行銷的話，我們應該如何選擇和搭配呢？是不是只要經營 Facebook 和 Instagram 就好？嗯，我覺得這個問題並沒有標準答案，不過您可以按照貴公司所屬的產業特性以及需求，來擬定社群行銷策略唷！

　　換句話說，經營社群媒體的意義並非盲目追求流行，抑或只是「別人有，所以我也要有」，而是應該思考如何運用不同的社群媒體來傳遞貴公司的理念、觀點和核心價值。

　　通常，我會建議大家以貴公司的官方網站或部落格做為內容行銷的主軸，再搭配經營諸如 Facebook 粉絲專頁、YouTube 頻

道或 Instagram 等社群媒體；如果行有餘力，再考慮經營電子報、LINE 官方帳號等數位工具或社群媒體。

然後，最要緊的是您得設法把社群媒體的粉絲，導引回自家的官方網站或部落格。要知道，官方網站或部落格往往是貴公司品牌最重要的接觸點（Brand Touch Point），所以也適合做為社群行銷的發動機哦！

經營社群的四大原則

您想要成為社群達人，把各種社群媒體都經營得有聲有色嗎？以下所提到的這幾個內容產製原則，請務必遵守唷！

第一個原則，請不要杜撰謊言。

經營社群媒體的最高指導原則，就是千萬不要把它當成單純的行銷管道。請謹記，建立誠信關係，是與目標受眾有效溝通的基礎。

唯有認真對待粉絲，才能建立彼此的信任關係與獲得共鳴。在這個搜尋引擎非常神通廣大的年代，大家都很熟悉使用 Google 來查詢資訊，所以請不要以為運用一些小伎倆，就能編織出無懈可擊的虛假形象，可以輕易地騙過社會大眾。要知道，杜撰虛假的品牌故事或內容也許一時可以得逞，但卻很容易被拆穿，甚至失去民心，可說是得不償失。

第二個原則，請用專業說服目標受眾。

　　品牌形象與價值，往往奠基於企業或個人的專業價值、貼心服務之上。與其在社群媒體上頭堆砌無關緊要的頭銜和經歷，或者汲汲營營於所謂的人脈關係，倒不如好好地產製內容，傳遞有價值的資訊，進而凸顯貴公司的專業素養以及與眾不同的核心價值。我也同意人脈的確是一項資產，但我們更應該輔以專業素養來強化宣傳。

第三個原則，提昇服務以確保競爭力。

　　如果您希望運用社群行銷來增加曝光，首先就必須透過優質內容來和潛在客戶進行溝通。別急著傳播您想要銷售的產品、服務的訊息，而必須先為廣大的目標受眾建立拜訪意圖，讓大家願意時常造訪，進而理解貴公司的品牌形象以及獨特價值主張。話說回來，也唯有不斷提升品牌形象和專業服務，才能在現今已經相當擁擠的社群媒體上頭，占有一席之地！

第四個原則，每一次出擊都要格外謹慎。

　　在現今這個社群年代，訊息傳播的速度飛快，所以千萬不可等閒視之。在對外發布內容之前，務必經過多次的審視與檢核，以確保其正確性。很多人因為貪快，急著想要在社群媒體搶快、爭取流量和曝光，有時還會寫錯字或誤植資訊，這樣反而有損企業形象，千萬要小心！

▎三個重點，放大你的網路聲量

如果您能掌握上述的這四個原則，應該會對社群媒體有比較全面的認知。接下來，我想談談大家比較感興趣的議題，也就是該如何善用社群媒體發聲呢？同樣地，我也列出三個重點以供參考：

第一個重點，擬定專屬的內容策略。

內容，可說是所有社群媒體的核心。想要在社群媒體上頭創建有價值且引人入勝的內容，就一定要借助內容策略的力量來推動。內容產製團隊成員的心中都要有一幅很明確的藍圖，除了必須事先定義好將要發布哪些內容？更要建構明確的產製流程與頻率，並且很清楚知道為何在特定的時間點發布內容？

為了確保內容行銷的成效，建議大家可以借助坊間常見的數位工具或服務來進行評量。以 Facebook 粉絲專頁來說，常見的測量指標除了基本的流量、閱覽次數和粉絲人數之外，您也可以多關注粉絲的互動數、評論數和分享數等等。

以臺灣知名的美妝品牌綠藤生機[1]為例，該公司不但用心經營 Facebook 粉絲專頁和 Instagram，也很認真撰寫部落格文章，此外還著手歸納目標受眾的人物誌。他們建立了完整的內容準則，主要聚焦在資訊正確性、給讀者的價值以及提供具體的資訊。

綠藤生機的內容策略看起來很簡單，他們只產製對消費者最有意義的內容。該公司所提出的三大內容主軸，則是鎖定在讀者

想聽的主題、市場趨勢與機會以及獨特的核心價值。

第二個重點，以真誠當作溝通的主軸。

　　為了有效發揮社群媒體的力量，讓貴公司的社群行銷可以與眾不同，除了在內容產製方面需要花費一番心思，經營團隊更需要以真誠的態度來面對目標受眾和粉絲。比起堆砌華麗的詞藻或放上可愛的圖片，唯有真誠溝通才是贏得民心的重要關鍵。

　　以粉絲人數多達十一點七萬的愛康衛生棉[2] 來說，她們的內容訴求就很明確，採用親切和話家常的拉入式行銷來和女性朋友們互動。在 Facebook 粉絲專頁的經營上，愛康衛生棉的小編們除了分享衛生保健的相關資訊與促銷、宣傳自家產品之外，靠的是更多的展現自我，藉此拉近和女性使用者之間的距離，可說是成果斐然。

　　從這個例子來看，我們也不難理解溝通的重要性。在與目標受眾對話的時候，也不妨從大家所熟悉的生活消費、娛樂休閒等相關議題切入，設法找到可以激發共鳴的話題。還有一點很重要，貴公司的社群貼文不能老是談論自家的產品和服務，而必須考量所發布的內容是否與目標受眾的需求相吻合？甚至可以因應節慶和時事話題，來規劃與產製不同屬性的內容。

第三個重點，善用內容行事曆來規劃排程。

　　為什麼要規劃**內容行事曆**呢？我在前面的單元中曾經提到，

Vista 傳送門

內容駭客關於「內容行事曆」的好文，全部集結！
https://www.contenthacker.today/
search?q= 內容行事曆

這是一種化被動變主動的做法，可以讓社群經營者把壓力轉為動力，也能夠讓我們很快地把各種雜亂的資訊整理成井然有序的內容架構。

為貴公司的社群經營建置專屬的內容行事曆，除了方便掌握時間和安排內容產製的流程，其實也有助於搭配時事和節慶進行議題設定與鋪陳。舉例來說，一提到十二月，大家會立刻想起摩羯座、耶誕節或是快要過年了！如果貴公司的業務範圍剛好與這些節慶的特性有關，則可以預先透過內容行事曆來進行內容的鋪陳與規劃哦！

很多人幫公司經營社群媒體，卻往往為了沒有靈感而感到苦惱。如果可以從時事、節慶活動的角度切入，不啻為一個好方法；若能再搭配內容行事曆的運用，我相信會相得益彰。

簡單總結一下，當我們開始經營社群媒體的時候，首先必須思考主要的目標受眾是哪些族群？再來思考適合傳遞哪些類型的主題內容？若能搭配運用理性與感性的敘事訴求，會讓人有一種親切感，也更願意接收相關的內容資訊。

很多人在經營社群媒體的時候，都只顧著說自己想說的話，卻忽略了目標受眾的感受，這樣實在很可惜！我們應該先思考如何引起共鳴，再透過社群的力量，讓辛苦產製的內容能夠發酵，進而發揮作用。

內容行銷的重點，在於傳遞有用的資訊。同樣地，當我們在為社群產製內容的時候，也必須先思考其價值。換言之，要能夠解決某些問題或是帶來特定的利益，才能算是具體幫上目標受眾的忙。如果只是單向傳遞資訊，就無法完全發揮社群媒體的效用。

如果您希望辛苦產製的內容能被更多人看見，就要思考傳遞給受眾的具體價值，並設法在內容中融入互動的元素，讓人能夠容易受到感染，甚至願意參與和進行共創。話說回來，能夠在各種社群媒體之中被大家廣為宣傳和分享的內容，也必然有助於推動內容行銷。

▌主題標籤怎麼用？

最後，我想再簡單介紹有關主題標籤（Hashtags）的應用。如今，主題標籤幾乎已成為社群媒體的標準配備；年輕人所熱愛的 Instagram 和 Facebook 更是大量引入了主題標籤。網友不但喜歡使用主題標籤來標註時事或自我標榜，也可藉此找到同好。

如果您想要讓主題標籤發揮妙用的話，我有幾點建議：

首先，在運用主題標籤之前，請確認這些標籤與您所產製的

內容是否有所關連？如果和主題無關，即便置入再多的標籤也是徒勞無功哦！其次，如果您正在籌備一檔活動，可以發想一個有意義且具有獨特性的主題標籤。除此之外，主題標籤的設計請掌握簡單易懂的原則，方能讓人秒懂！

再來，主題標籤請盡量簡短明瞭！雖然，一個比較長的主題標籤往往更具有獨特性，也比較能夠完整闡述理念……但太過冗長的主題標籤無法讓人留下深刻的印象，也不利於傳播。

想要讓主題標籤發揮效用，就必須注意使用的場景和相關細節。Facebook 官方也提出了幾點有關如何使用主題標籤的建議，像是：創建自己的主題標籤、參與並推動主題標籤、使用主題標籤來提取問題和答案等等。有興趣的朋友，可以透過傳送門，瀏覽一下 Facebook 官方有關主題標籤的文章。

Vista 傳送門

打鐵趁熱，現在就來了解 Facebook 對於主題標籤的使用建議！
https://www.facebook.com/
help/587836257914341

3 部落格
不只改變時代，更成就你的品牌

　　我常在內容行銷的課程上，鼓勵來自各企業的學員們經營自己的部落格。但總有人不以為然，甚至流露出狐疑的表情。

　　我知道，很多朋友可能覺得現在已經進入社群媒體的年代，就算 Facebook 粉絲專頁已經有些退燒的跡象，至少也應該開個 Instagram 或 YouTube 帳號啊！為什麼還要花力氣寫部落格呢？

　　也曾有許多讀者和學生問過我：「Vista 老師，部落格不是早就落伍了嗎？為何還要花心力經營呢？」其實，我從來不認為部落格已經式微，甚至在當今行銷宣傳愈形重要的年代，部落格更是推動內容行銷或打造個人品牌的要角。

　　所以，我不但鼓勵有心想打造個人品牌的朋友要寫部落格，我也時常鼓勵有志投入內容行銷的廠商開始經營企業部落格。理由很簡單，這不但是一個能夠精進寫作技巧、鍛鍊表達自我觀點的好方法，更重要的是部落格宛若一扇窗，可以幫您突破同溫層，進而打開通往世界舞臺的道路。

▌用「新」觀點，打動讀者的「心」

　　別以為只是默默地在自己的部落格上寫寫文章，也許沒有什

麼流量，就不會有人看到。其實不然，由於網網相連的緣故，在搜尋引擎的穿針引線之下，只要您產製的文章內容具有實用性和趣味性，甚至具有獨特觀點和價值，就有可能被其他人搜尋、連結或引用哦！

　　《商業裸體革命》一書的作者史科博就曾說過：「部落格終結了一個時代，也開啟了另一個時代。在這個新時代，企業光靠與顧客對話是不會成功的，還必須傾聽顧客的聲音。」這本書的推出雖然已經有一段時日了，但這番話至今仍是真理。

　　要知道，部落格並非單向的傳播工具，還具有社群、互動和串聯的功能，得以扭轉了原本資訊僅能由大眾媒體傳播的方式，也拉近了與讀者之間的距離。除了資訊與觀點傳遞的便捷性，部落格自然也很適合做為商業溝通的管道。所以，經營部落格的目的不在於追逐大量的流量，而是為了提供不同的觀點，讓人知道您的價值觀、優先事項與抱負。

　　如果您能夠好好地經營部落格，把它當成自己對外發聲的舞臺，如此一來，不但可以成為一個很好的行銷與溝通表達的管道，更可以透過非正式的直接對話，緊緊扣住目標受眾的心。換句話說，部落格經營的要旨，其實也就是一種用心換心的「信任行銷」。

　　就像《謝謝你遲到了》一書的作者湯馬斯‧佛里曼所言，「每篇部落格文章，就像打開讀者腦袋的電燈泡，照亮了某個議題，使讀者用新的眼光來看待這個議題，或是打動他們的心，讓他們

有更強烈或完全不同的感受。」所以我們不只是透過部落格來傳達自己的觀點，更可藉此和讀者進行互動，這才是最珍貴的事情。

不只是個人經營部落格有不少的優點，企業經營部落格也有許多顯而易見的好處，像是不需要花費太多的預算和資源，卻能夠獲得流量和曝光。好比可以藉由撰寫部落格文章的方式，來表明貴公司是所處行業的專家，也能夠為客戶提供有用的資訊和價值。更棒的是您可以透過內容行銷的方式來進行商品的銷售，並且搜集潛在客戶名單與電子郵件，最終達到增加曝光並提高品牌形象與知名度的目標。

▍與讀者「共創」，讓內容更豐富

至於我們該如何開始著手建置與經營部落格？我建議不妨採取「以終為始」的模式，先仔細思考貴公司經營部落格的目的是什麼？無論是為了宣傳、曝光、搜集名單或銷售產品，都可以根據目的來勾勒市場與目標受眾的輪廓，然後再搭配內容行事曆來規劃和管理貴公司的內容策略。

在創建部落格的編輯計畫時，別忘了把潛在客戶和廣大讀者放在第一位，並不時檢視貴公司的行銷、業務目標，設法保持一致性，並營造獨特的風格。除了勤於更新部落格上頭的文章，未來若有機會透過留言互動等方式，和目標受眾共同策畫與創建內容，也就是所謂的「共創」（Co-creation）[3]，那會更有意義和

價值！

內容行銷不同於傳統的網路廣告投放，只要素材對了就可能揮出全壘打！想要透過內容來吸引社會大眾的關注，往往需要經過一段時間的積累，方能獲得我們想要的效益。同樣地，經營部落格也不能心急，需要一段時日的耕耘才能開花結果。但無論如何，現在開始就永遠不晚！

至於在經營部落格的時候，究竟要選擇什麼內容主題好呢？如果您沒有靈感的話，我可以提供一些建議：首先，請撰寫自己真正感興趣或有熱情的題目；其次，可以就您所擅長的專業領域出發，寫一些對人們有幫助的文章。最後，行有餘力的話，也可以再思考結合當今的趨勢與主流。

撰寫部落格文章，的確有助於個人或企業品牌的曝光、宣傳，但不是把文章寫好就沒事了，更需要以專業素養做為基礎，並持續地輸入、處理與輸出。有空的時候，我也建議您不妨換位思考一下：什麼樣的內容是大家感興趣或需要閱讀的呢？又有哪些關鍵字是很多人會時常搜尋的呢？

▌抓住「視覺動物」的目光

在這個視覺先行的年代，我也建議大家在撰寫部落格文章的時候，不妨可插入一兩張圖片來妝點版面。您可使用自己平時所拍攝的照片，或者善用 CC0 圖庫的資源。舉例來說，我時常會

到 Unsplash [4] 或是 Pexels [5] 等網站去搜尋合適的圖片，只要打入關鍵字就可以找到很多漂亮的圖片。建議大家平常就要對自己寫作的題材有所認識和了解，如此一來才能快速地輸入關鍵字來查找合適的圖片。

正所謂「一圖勝千文」，若能好好挑選一張合適的圖片，必定能讓您辛苦撰寫的文章增色不少！而以我自己的寫作習慣來看，我會把挑圖和修圖、壓縮圖片檔案這幾個工作事項，壓縮在五分鐘之內完成。而包括搜集素材、撰寫文章和上稿在內的所有流程，可以在半個小時到一個小時之內完成（詳情可參考第四章第四節）。

此外，有關部落格佈景主題的挑選，的確也是一門學問。在此，我也提供幾個準則供您參考：

首先，部落格佈景的選擇，必須和網站主題相互輝映。不宜一味選擇華麗的佈景主題，而需要思考該佈景主題是否簡單、清爽，易於閱讀？會不會影響網頁載入的速度？是否支援響應式網頁設計？同時，也要考慮佈景主題的風格能否和您的文章主題相互呼應？

部落格的使用體驗，往往也代表了部落客或企業本身的精神或特質，所以我們更需要審慎看待。除了考慮佈景主題的配色與風格，我們也要考慮部落格的網頁載入速度。有些部落格的佈景主題功能強大，但容易拖慢整體的速度，這樣也是不理想的，對搜尋引擎最佳化會有不好的影響。根據統計，網頁載入時間如果

超過四秒，使用者的跳出率將會大幅提升。如果您不確定自己的部落格的載入速度，也可以先行運用 Google 的網頁效能檢測工具（參考本章第一節）來進行檢測哦！

再來，有鑑於現在大家都習慣使用智慧型手機或平板電腦上網，因此部落格的佈景主題是否支援響應式網頁的設計，也就非常地關鍵了！換句話說，如果您能夠挑選一個合適的佈景主題，不但能讓人感到耳目一新，更可以讓讀者訊速地掌握到重點，更有助於資訊的傳達與分享。

▎重點不是流量，而是「觀點」

整體而言，部落格不但適合公司行號經營，也很適合個人發展哦！這也讓我想起，很久很久以前曾經接受過《儂儂雜誌》的採訪，談的主題就是如何運用部落格來打造個人數位品牌。

要知道，我們每個人的第一張履歷（學歷、經歷或家世等）可能很制式，無法有太多的揮灑空間，但若透過部落格的經營，卻有機會打造出獨一無二的個人品牌。無論您想成名，或是想要在茫茫網海揮灑自我，或者想嘗試所謂的部落格行銷，我都很鼓勵一起來寫部落格哦！

經營部落格就好比參加一場看不到終點的馬拉松競賽，大家比拼的不只是文筆和速度，更是熱情、毅力和耐心。更要謹記，內容行銷的使命不只是在於產製優質內容，更在於創造並留

住客戶。很多人經營部落格，只是盲目地追求流量和熱門話題，但我想說的是 —— 即便您的部落格坐擁巨大的流量，也未必能帶動收益，唯有透過內容行銷來爭取潛在客戶，才能掌握真正的致勝關鍵。

經營部落格的重點其實不在流量，而是能夠對外分享自己的觀點，進而建立與讀者朋友們的信任關係，而這也是內容行銷的真諦。

4 商品文案
直球對決，喚起顧客的共鳴

　　很多人覺得撰寫商品文案很困難，甚至認為寫作的過程還有點兒抽象。其實，就像我平常跟文案寫作課的同學們所說的，文案寫作就好比是陪讀者走過一段精神旅程。不少朋友會為了文筆不好而感到苦惱，其實寫作的重點絕對不是妙筆生花，而是得設法在字裡行間綜合反映出您全部的經歷、專業知識。換句話說，文案撰寫其實就是運用內容的力量來幫助您將這些資訊進行加工，並以銷售產品或服務為前提將它們傳達給特定的目標受眾。

▌堆砌無謂資訊，只會讓顧客麻痺！

　　文案寫作的重點，並不在於賣弄文字技巧！要知道，一篇淺顯易懂且讀起來富有情感的文案，往往可以拉近與讀者之間的距離，甚至協助卸下心防。但是，我們能否僅僅只靠幾行字，就把東西賣翻天？我想，問題的關鍵主要還是得看產品本身的造化，甚至要考慮到天時、地利與人和等多重元素。說得殘酷一點，即使產品好或是低價也不一定就能夠熱賣；話說回來，我認為一個產品的價值和賣點，最終還是取決於顧客本身的想法。

　　說到撰寫商品文案的技巧，很多人都容易犯了一個毛病，

那就是誤以為要堆砌各種華麗的辭藻，或是把許多厲害的數據、資料都放進文案之中才能打動人。其實，這樣做的意義並不大！若一味地把這些無謂的資訊推銷給消費者，即便一時可以達到效果，大家看多了之後，感官也是會麻痺的，更別說想要透過商品文案來持續打動對方了。

理想的商品文案必須寫得淺顯易懂，讓消費者可以一眼看懂產品的利益與業者的訴求。要知道，優質的產品若能搭配簡單明瞭的文案和獨特風格的標語，更可以相得益彰，營造出令人怦然心動的場景。如此一來，不但可以讓貴公司的品牌形象深入人心，更有助於提昇銷售業績。

三種能力，讓文案更動人

一篇好的文案必須要從閱聽眾的角度切入，思考他們關心、在乎什麼？甚至是需要什麼？現代人所擁有的選擇太多，如果文案撰寫還停留在傳統的思維，單純從商家的角度去思索的話，即便產品的規格再好、價格再優惠，恐怕都難以打動人心唷！

我認為，如果想要精進文案寫作技巧的話，您必須加強以下三種能力的培養，請參考右圖：

精進文案寫作需加強的三種能力

文筆能力：撰文的時候要力求簡單易懂，最好還能夠帶有價值和趣味。我會建議您，以文筆通順作為努力的目標！除此之外，寫好的文章中不可以有錯別字，標點符號也必須運用恰當（如果您想要有系統地學習標點符號，我推薦閱讀康文炳老師所撰寫的《一次搞懂標點符號》[6]一書）。更重要的是文章內容不能八股說教，必須成功勾引目標受眾的興趣。

表達能力：您的文字邏輯架構要簡單、清楚，具有歸納、整理與清晰表達的能力。我們可以用說故事的方式來進行溝通，進而引發讀者共鳴，並給對方留下一個好印象。

價值能力：請務必以讀者為重心，多思考他們所需要或感興趣的內容，而非您單方面想表達什麼？請謹記，撰文的目的不只是為了銷售產品，更要能夠為目標受眾解決問題或創造利益，方能拉近彼此的關係，進而營造信任感。

整體而言，我們可以把這三種能力視為是精進寫作技巧的一座金字塔。透過刻意練習，從讓您的文筆變得通順開始，逐步增進自己的表達與溝通能力，最後達到幫您所產製的內容加值的境界。

誠然，一篇好的文案的確可以烘托商品的價值，甚至能夠幫業者的形象加分。至於影響商品價值的關鍵因素，則包括了品牌

形象、品質、價格與包裝設計等因素，此外還包括顧客在完成消費行為前後的整段旅程。換句話說，寫好商品文案只是行銷人的基本功而已，當這篇文案被社會大眾看見的時候，才是備受檢驗的開始。

舉個例子，您可能聽過蝦皮購物的名號，但您知道他們是如何在社群媒體上打造爆紅的內容嗎？根據《經理人》網站的報導，蝦皮團隊每個月要寫接近三十六則文案。2018 年的時候，蝦皮購物是以「新」、「狂」和「快樂」做為社群行銷策略的三大指標，再結合公司整體行銷目標發想文案。所謂「新」的意思，是指要做不一樣的行銷文案；而「狂」則是要拋開企業包袱，與社群有強烈互動；「快樂」則是要在字裡行間，跟消費大眾傳遞購物是愉悅的事情。

嗯，以蝦皮購物的案例來說，您是不是覺得很有意思呢？

克雷頓・克里斯汀生等人在《創新的用途理論》這本書中，曾提出一個有名的「用途理論」。簡單來說，顧客通常想要的其

Vista 傳送門

想知道蝦皮小編如何引爆話題？來看看《經理人》網站的報導。
https://www.managertoday.com.tw/articles/view/56093

實不是您的產品或服務，而是能夠解決其問題的方案。換言之，顧客之所以喜歡上星巴克買杯咖啡，可能是因為剛好口渴了，但也可能只是喜歡星巴克所營造的「第三空間」，以及帶給人們美好遐想的舒適氛圍。

近年來，我在寫作教學的過程中也發現，不少朋友花了很多力氣和篇幅在商品文案之中介紹自家產品，卻忽略了一個基本的原則：也就是我們必須從對方的角度出發，設身處地去思考讀者為何要花時間看這些文案？唯有激發共鳴，才能讓這群目標受眾願意買單。

▋ 換個例子，複習 FAB 法則

時代變遷的速度飛快，在這個資訊爆炸的年代裡，大家掌握資訊的能力都很強，也很擅長比價。所以，如果只是不斷地叫賣或宣傳自家產品的功能、特色，我想效果可能會很有限。這個時候，您不妨可以善用「FAB 銷售法則」（FAB Selling Technique），也就是切入消費者最重視或關心的利益，並善用文字的力量直指核心，讓我們想要傳達的產品利益、價值，與消費者心中的期待或需求達成一致。

「FAB 銷售法則」是負責推銷的人士以文字、視覺或影音的溝通方式向消費者提供分析、介紹產品利益的一種好方法。FAB 所指涉的重點，也就是特性、優勢和利益這三個字彙。先前在第

四章第一節中已有說明過，當時我們用 Apple Watch Series 5 為例；我們接下來換個例子，來看看如果是小米手環 4 的話，可以怎麼寫商品文案？

F 是指 Feature 或 Fact，也就是指涉產品的屬性或功能，好比小米手環 4 內建了先進的 6 軸感應器，可以滿足消費大眾從日常健身到專業運動的需求。

而 A 則是 Advantage，也就是優勢的意思，要說清楚自己與競爭對手有何不同？好比小米手環 4 不只是普通的運動穿戴裝置，更可說是腕上的游泳教練，不但可以辨識使用者的泳姿，還具有 50 公尺防水的功能哦！

至於 B，就是 Benefit，也是客戶最重視的利益與價值。若要單純講記錄運動數據等功能，也許各家知名品牌的運動手環都大同小異，也很難真正讓消費者的眼睛為之一亮。因此，唯有訴諸

應用「FAB 銷售法則」來撰寫商品文案

可以帶給消費者的利益，才能爭取到眼球。以筆者來說，每天都希望可以健走一萬步，所以小米手環 4 所提供的五項核心數據就很吸引我，可以幫助自己更好地提升健走的效率。

有關「FAB 銷售法則」如何應用在商品文案的撰寫，請參考左頁圖。

▌AFA 寫作三元素，文案聚焦更吸睛

想要寫出吸睛的商品文案，除了可以運用上述的「FAB 銷售法則」，我也建議您要注意以下三個寫作元素：

第一個元素是 Audience，也就是目標受眾。寫文之前必須弄清楚，您究竟是在對誰說話？千萬別以為只要隨便寫一篇文章，就可以打中所有人了！

第二個元素是 Features，也就是商品特色。簡單來說，不能只是在商品文案中堆砌華麗的詞藻，更需要明確提到自家商品有哪些具體的特色、利益？

第三個元素是 Aim，牽涉到聚焦與轉換效益，也就是大家最關注的部份。換言之，商品文案能否達到宣傳的成效，自然必須先設定瞄準的目標。

掌握了這三個寫作元素之後，自然會對文案寫作有一個初步的概念。除此之外，我還想帶給大家一些基本認知，並引領您來了解文章鋪陳的流程：

首先，商品文案的起點，在於喚起共鳴。

近年來因為工作的關係，曾有許多企業邀請我幫忙看很多的商品文案，只見上頭寫了密密麻麻的功能、規格和特色，價格看起來也很合理，但成效卻不理想……嗯，這是為什麼呢？我想，多半因為這些商品文案沒有鎖定目標受眾的痛點、癢點或盲點，也並未使用他們慣用的語言來溝通，自然也無法激發共鳴囉！所以，設法喚起對方的共鳴，真的是很重要的一個步驟。

其次，請深入理解目標受眾的困擾與需求。

很多人撰寫商品文案，只是從廠商立場或老闆視角出發，但光說自己想講的東西是沒有用的；如果不能換位思考，就無法真正理解大家的困擾與需求，又怎能期待對方會買單我們所端出的好商品呢？

再來，請為潛在顧客帶來解決方案與利益。

在瞭解目標受眾與潛在顧客的想法後，就可順勢帶出貴公司所提供的解決方案，並要記得在商品文案中強調購買、使用後可以帶來的具體利益。如此一來，才能強化讀者的動機與信任關係。

最後，務必提出行動呼籲，設法提高轉換率。

很多人在商品文案中鋪陳了許多細節，如果功敗垂成豈不是很可惜？所以，談完了解決方案和可以帶來的好處之後，別忘了

再進一步呼籲目標受眾要採取行動。要知道，即便是當年意氣風發的賈伯斯，他在近乎完美的 iPhone 發表會之中也不忘大聲疾呼，要所有與會的觀眾記得去購買 iPhone 手機！所以，我們更要謹記在商品文案中置入強而有力的行動呼籲。

在「注意力戰爭」中打贏漂亮一仗

針對抓住目標受眾的目光這個環節，我也有三個建議，分別是講好處、構思新聞點以及激發好奇心。講好處的意思是設法觸動目標受眾的需求，讓大家也想要有一個類似的商品；而構思新聞點，則是師法新聞報導的做法，可以多提提從所未見的新事物，讓大家感受到不同之處。最後，激發好奇心也很要緊，您可以多從商品本身有趣、特別的地方開始講起！

至於在文案內容的撰寫上，建議您也可以多觀摩他人的作品，進而找出差異和區隔，並營造出與眾不同的風格。無論像是全家便利商店、全聯福利中心、故宮精品小編或我們前面所提到蝦皮購物的案例，我想您應該不難從他們的商品文案或社群貼文中感受到鮮明的特色。嗯，這一點也值得參考唷！

時常觀摩一些優秀的作品，您自然會發現撰寫商品文案的重點，並不在於詞彙華麗或篇幅多寡，而在於能否搔到目標受眾的癢處？換句話說，只要讓人覺得意猶未盡，不自覺地想要立刻採取行動，那就勝券在握了！

　　此外，我也建議您在書寫的過程中，可以思考一些重點，像是：您計畫從什麼層面切入？要如何結合自己的專長、特色？可以幫大家解決什麼問題？預備傳達哪些獨特的觀點？以及可以帶來什麼有用的價值？

　　請謹記，撰寫商品文案其實就是一個不斷優化的過程。想要寫出擲地有聲的好文案，光堆砌辭藻或發想創意還不夠，我們更需要從設定目標受眾、精準定位開始著手⋯⋯

　　以往，我曾拆解一些成功的商品文案，發現他們在打動人心的這個環節，都做到了以下這幾件事：以潛在顧客為重心，說故事但不說教；主動提出問題，促使目標受眾開始思考；拉近與潛在顧客的距離，激發同理心；以及文案內容要有趣，設法營造獨特的風格。

　　換言之，撰寫商品文案的重點應以人為本，而不是光靠華麗的文筆技巧或精美的圖片取勝。如果您正想要開始學習寫文案，我建議務必先從理解目標受眾的心聲開始，進而觸發他們的需求和好奇心；如此一來，便有機會可以讓您所撰寫的商品文案發揮效用，甚至無往不利唷！

5 複雜的話簡單說，蘋果也是這麼做

說到新聞稿的撰寫，其實也隸屬於內容產製中的一環。也許有些朋友會覺得自己並非從事公關工作，似乎和媒體溝通有點兒距離；不過，我倒覺得在這個「全員行銷」的年代裡，如果您也能夠懂得一點媒體公關的原理，甚至會寫新聞稿的話，也可說是在職場上多了一項優勢！

▍倒金字塔結構，提供「新聞價值」

言歸正傳，什麼是新聞稿呢？新聞稿又稱為通訊稿，簡單來說，可以視為是一種具有新聞屬性和型態的宣傳文稿，大多係由公司、機構、政府、學校等單位發送給傳播媒體的通訊文件，藉此公布有新聞價值的消息。

看到這裡，也許您會想要問我：新聞稿、廣編稿以及商品文案看起來都差不多，究竟這些不同的內容型態有什麼具體的差別呢？嗯，我想，主要的區隔就在於新聞稿的內容必須具有新聞價值，而廣編稿或一般商品文案的存在目的，主要只承擔了行銷、宣傳的使命。

話說回來，也因為產製新聞稿的前提是必須具有新聞價值，

所以我們在撰寫的時候，就必須掌握「5WIH」的原則，也就是透過這篇新聞稿必須讓讀者清楚地知悉：這是由哪個組織、單位所發出的稿件？有什麼事情要在何時發生？為什麼要跟大家說明？具體想要說明哪些的事由？這個事件或活動會在哪裡發生？以及大家可以如何參與，或是能夠到哪裡去購買商品？

　　由於新聞稿的任務就是要為廣大讀者們提供事件的完整資訊與脈絡，所以請您在撰寫的時候盡量避免咬文嚼字、贅字過多或是大量使用專業術語的現象，應以詞句通順、簡單明瞭做為新聞稿寫作的最高指導原則。

　　我在本節一開始就提到，新聞稿的屬性不同於一般的商品文案，所以寫作方式也略有不同，比較少採用「起承轉合」的傳統方式。一般而言，業界人士在撰寫新聞稿的時候，通常使用「倒金字塔式結構」的寫作方式。

　　所謂的「倒金字塔寫作結構」，是絕大多數客觀報導的寫作規則，也可說是目前常見的新聞寫作敘事結構，可重構如下圖。

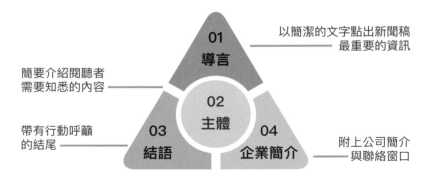

　　換言之，也就是把最重要的資訊寫在前面，一段文句只寫一個事實；而且，整篇文稿以陳述事實為主，但不發表議論。

　　當然，之所以採用「倒金字塔式寫作結構」來寫新聞稿，必然有其優點。舉例來說，像是：可以快速寫作、方便快速編輯和刪減以及有利於閱聽大眾快速閱讀與掌握重點等等。

　　因為在撰寫新聞稿的時候習慣直接切入重點，無須過於在意修辭或鋪陳，所以自然可以加快寫作的速度。另外，也因為大家都把事件重點放在新聞稿的前面幾段，所以當媒體編輯有需要併稿處理或調整稿件篇幅的時候，也很方便直接動手編修和刪減。

寫好新聞稿的六大關鍵

　　談完採用「倒金字塔式寫作結構」來撰寫新聞稿的優點，接下來就讓我來分享新聞稿該如何撰寫？我覺得，撰寫新聞稿的時候首重一下筆就切入重點，也需要思考能夠帶給讀者的利益與價值是什麼？

　　當然，我們也可針對個別媒體提供不同角度的內容，同時也要謹記發布新聞稿的目的是為了傳達有用的資訊，而非只是推廣促銷。切忌過於自我宣傳，以免稿件被拒絕刊登而白忙一場。

　　在這邊簡單幫大家做個小整理，如果想要透過媒體傳達重要訊息給社會大眾，您必須掌握以下這幾個關鍵因素：

1. 內容力求簡單明瞭，讓讀者吸收資訊不費力。

2. 內容要有獨到的觀點或特別的利益。

3. 可以滿足讀者的需求或協助解決問題。

4. 撰稿的時候請謹記文筆通順，力求邏輯清晰。

5. 可結合時事熱潮，易於被轉發、分享或渲染。

6. 不過度迷信主流媒體，鎖定屬性合適的媒體或新聞管道來
   進行投放。

要知道，與媒體溝通誠然是一門藝術，無論您想透過新聞稿來推銷商品、發布公司重大的人事消息或是宣布達到某些里程碑，都必須先理清整個事件的脈絡和始末因果，才能讓人「秒懂」。

▌小學生也懂，新聞稿才算成功

儘管離開媒體產業已經有一段時日，但我每天仍會收到不同公司所寄來的新聞稿。有空的時候我也會點閱瀏覽，甚至看到有興趣的內容也會幫忙轉發。我時常發現某些企業所發出的新聞稿標題過於冗長，讓人難以理解想要表達的重點是什麼？

如果您也計畫開始撰寫新聞稿，我建議不妨在標題之中適當地置入某些關鍵字或可茲量化的數據，以便讓讀者可以盡快掌握到關鍵資訊與重點。舉例來說，就在 2019 年 6 月下旬我曾收到 LINE 公司所發布的一篇新聞稿，但標題僅僅提到「LINE 年度發表

會 LINE CONFERENCE 2019 盛大登場」，但並未具體地提及這場年度發表會有哪些重點項目？或是推出哪些令人期待的新服務？

　　直到看完這篇新聞稿的第一段，我才理解到 LINE 宣布今年的主題定調為「Life on LINE」，致力打破線上線下分界、跨越時間及空間，為用戶打造全方位的數位生活基礎建設，將聚焦線下場景、金融科技、人工智慧三大策略事業發展，具體落實「Life on LINE」。

　　在這個充斥著資訊焦慮的碎片化時代，因為大家普遍工作忙碌，也缺乏耐性，所以在撰寫新聞稿的時候，請您務必在標題和第一段多下功夫，盡量優先揭露想要帶給讀者的重點與利益。最好還可以舉出實際案例，或是以數據、專家證言來凸顯新聞稿的論述亮點，進而讓人信服。

　　此外，為了讓新聞稿的內容更加豐富，並且能夠讓讀者迅速掌握重點，有時我們必須額外提供給媒體一些數據、圖表或樣品。如果您在新聞稿中也有提供照片的話，請記得要附上圖說，以增進讀者對於訊息的理解哦！

　　以美國蘋果公司為例，他們每年都會推出很多劃時代的高科技產品，像是 Apple Watch、iPad 或 MacBook Pro 等。倘若您曾仔細端詳該公司的新聞稿，不難發現他們會用淺顯易懂的方式進行解說，字裡行間並未充斥太多的專業術語。同時，他們每年還會舉辦多次的產品發表會，並提供新品給媒體記者以及意見領袖們試用，希冀透過實際體驗來強化品牌認知與增進銷售。

　　有人曾經好奇地把蘋果公司的新聞稿送去做可讀性檢測，赫

然發現只要具有小學四年級學生的語文程度就能輕鬆理解。這是因為當年賈伯斯還在世的時候，曾經嚴格要求蘋果公司的公關部門要把新聞稿寫得淺顯易懂，必須讓十歲的小朋友都能夠理解。他不但會親自閱讀每篇新聞稿，甚至還曾說過：「如果連一個單純的普通人都不能夠理解我們的語言，就算是我們的失敗。而我們是無法接受失敗的！」

　　所以，我們在蘋果公司的新聞稿中看不到太過艱深的專業術語、陳腔爛調或是讓人疑惑的行話。這一切，也都要歸功賈伯斯當年的堅持。我想，這是一個不錯的參考準則，建議大家在撰寫新聞稿的時候，也可減少不必要的行話或專業術語，盡可能運用直白的話語來向目標受眾進行溝通與解說。

▋留下聯絡方式，讓客戶主動上門

　　在新聞稿的架構中，除了主體本文之外，還有兩個環節很重要，那就是公司簡介與聯絡人資訊。道理很簡單，因為這是一般社會大眾得以認識貴公司的起點。所以，想要寫好新聞稿，也不能忽略這兩個部分唷！

　　留下貴公司相關部門的聯絡方式，便於讓媒體記者或讀者想要進一步了解相關資訊的時候，可以盡快找到聯絡窗口。所以，除了要載明聯絡人的姓名、職稱之外，最好也能順帶提供該聯絡人的手機號碼和電子郵件。

聯絡人資訊的部分比較容易理解，也很好處理。但是有關公司簡介的部分，其實並不好寫！這是因為一般人比較少受到相關的訓練，所以很難用短短幾百字交代貴公司的發展沿革、產品線、企業文化以及獨特的價值主張……如果平常沒有準備，一旦需要撰寫相關的介紹時，難免就會有一種不知從何下筆的感覺。

以往對外授課的時候，我會舉出很多實例，跟學員們分享可以如何介紹自己的公司。大家可以藉由觀摩其他企業的案例，來學習新聞稿寫作的技巧。在這邊，我也建議您在開始撰寫公司簡介之前，不妨先盤點一下自家公司的特色、文化與各種資產。

打個比方，您可以先思考一下：貴公司是在何時創立？主要的產品或服務有哪些？有多少位員工？在哪些國家的重要城市設有據點？曾經得過什麼獎項？達成哪些里程碑？是否曾經在何時、什麼情境下創造過哪些非凡的紀錄？而貴公司的願景、價值主張，又分別是什麼呢？如果以上這幾個問題您都能夠回答得出來，我相信就有足夠的素材可以著手撰寫公司簡介了。

除了寫好新聞稿，我還想跟您分享與媒體互動的方式。很多人不知道該如何跟媒體打交道，甚至對此感到苦惱。我覺得媒體的特性或許和其他產業略有不同，但其實沒有那麼地複雜，互動的決勝關鍵就在於「真誠」二字。再來，您必須瞭解不同媒體的屬性以及需求，掌握相關產業線記者的情報，並以同理心、公平心和平常心來對待媒體記者。請謹記新聞價值凌駕一切，千萬不要為了宣傳做出有違職場倫理的事情，或是厚此薄彼，失信於記者哦！

6 三大重點，讓顧客一鍵下單

銷售頁，也就是大家時常在電商或行銷場合中聽到的 Landing Page。在網路行銷的領域之中，銷售頁可說是一個重要的角色。有的時候，大家也習慣稱為「著陸頁」或「名單搜集頁面」，就是當潛在用戶點擊廣告或者利用搜尋引擎搜尋之後顯示給用戶的網頁。一般而言，這個頁面會顯示和所點擊廣告或搜尋結果連結相關的擴展內容，而且這個頁面應該是針對某個關鍵字做過搜尋引擎最佳化的。

銷售頁三邏輯——曝光、瀏覽和轉換

一般來說，銷售頁主要可分為兩種類型，分別是參考型的導引頁面和針對交易所設計的銷售頁面。

顧名思義，參考型導引頁通常會在頁面中顯示文字、圖片與影音等資訊，藉以提供給瀏覽者參考。我們常可以在一些公部門、協會、機構或公共服務組織的網站上，看到參考型引導頁的蹤影。

而交易型銷售頁的設立目的也很明確，就是試圖說服瀏覽者完成交易行為或某項行動，比如填寫表單、與廣告進行互動或者驅動完成銷售頁上的其他目標，其最終目的便是盡量促使瀏覽者

購買商品或服務。此類網頁會透過行銷手法，設法取得瀏覽網頁者的個人資訊（好比姓名、電子郵件地址等），以便後續的行銷推廣。

基於大部分朋友的需求，在本節之中我側重於分享有關交易型銷售頁的撰寫技巧。以銷售導向的銷售頁來說，撰寫的目的無非希望可以抓住網友的注意力，進而吸引他們駐足觀看，並採取購買、訂閱、下載或捐款等行動。

毫無疑問，我們之所以要設計銷售頁，自然是以銷售產品或服務為主要目的。所以，有些人會誤以為在設計銷售頁的時候，就應該包羅萬象，把各種產品資訊與細節都收錄進來，藉此吸引目標受眾的關注。但是要特別小心，這樣做的話可能適得其反！

實際上，一個有效的銷售頁不應該包含過量的資訊，而必須讓目標受眾注意到產品的核心價值，並凸顯對受眾有利的資訊。所以，在設計銷售頁的時候，通常是採用相對簡單明瞭的視覺設計方式來聚焦，並透過影音、表單和行動呼籲按鈕等元素來吸引受眾的關注。

銷售頁的運作邏輯很簡單，也就是曝光、瀏覽和轉換。目前坊間有很多方便的銷售頁設計工具和服務，讓沒有網頁設計基礎的朋友也能容易上手！不過，設計好銷售頁，並把它傳遞到目標受眾的面前之後，挑戰才真正開始！銷售頁真正的成敗關鍵，也就是在最後階段的轉換。

我在對企業提供顧問諮詢的時候，也曾有業界朋友問過我，

應該如何設定轉換的標準和評量指標。但其實這並沒有標準答案，全然取決於貴公司的需求或相關的產品、服務特性而定，以及大家所賦予這個銷售頁的目標與相關規劃。

跟 Netflix 學「行動呼籲」

當您開始思考如何使用銷售頁來滿足貴公司的業務需求之際，請先別忙著動手設計網頁，而是要先思考：我們在設計每個銷售頁的時候，都需要設定明確的目標和獨特的行動呼籲。

舉例來說，常見的銷售頁轉換目標，多半是向目標受眾銷售產品、服務，或是設法透過電子郵件地址來搜集有效名單。在這邊我要特別提出來，很多人可能有些誤解，會以為在這個社群年代，電子郵件早就落伍了，其實不然！我認為，相較於傳統的行銷方式，電子郵件行銷反而是一種主動出擊的行銷方式，只要搭配有效的名單進行宣傳，更可相得益彰。

至於銷售頁上頭所預埋的行動呼籲，其實也相當關鍵。所謂的行動呼籲，其用意就是希望激發目標受眾的內心想望，在看完銷售頁上頭的文案、影音之後，可以實際採取行動——好比希望消費者購買商品，或是捐款、捐血或參加活動等等。

想要設計簡潔有力的行動呼籲，您可以先問自己以下幾個問題：希望目標受眾做哪些事情？如何確保目標受眾知道自己該做哪些事情？以及目標受眾為什麼要接受指令，做這些事？他們可

以從中得到什麼利益嗎？

換句話說，如果您希望從銷售頁獲得理想的轉換結果，就必須好好設計行動呼籲的號召用語。如果只是用一般的促銷手法或陳腔濫調來宣傳，效果很可能會不如預期，甚至收到反效果唷！

舉個實際的案例，您應該知道 Netflix[7] 這家公司吧？以 Netflix 的銷售頁來說，就設計得相當迷人。上頭先來一段簡單的文案「See what's next. Watch anywhere. Cancel anytime.」，下面馬上跟著放了一個大紅色的行動呼籲按鈕，直接告訴您「Join Free for a month」。意思是現在註冊成為 Netflix 的付費會員，就免費送您看一個月優質影音節目；如果您認為 Netflix 不適合您也無妨，不須綁約，可隨時上網取消。

嗯，這個行動呼籲真的相當強大啊！

當您開始設計銷售頁的時候，也別忘了以下的三個重點：

第一點，重視 Above the fold（在不滾動螢幕的前提下，可以看到的畫面）的原則。無論目標受眾用電腦或智慧型手機瀏覽銷售頁，我們都要把重點放在映入眼簾的第一個畫面。無論用文案、圖片或名人證言的訴求，要設法把最吸睛的內容放到最上面的第一個畫面呈現。如此一來，才能抓住第一印象，攫取大家的注意力，才可能往下繼續了解。

第二點，根據國外的統計發現，有 48% 的銷售頁會提供多重的優惠，可使用限時或限量等行銷手法來促使目標閱聽眾採取行動。提供各種難得的好康優惠，也是推坑的好方法唷！

　　第三點，銷售頁除了肩負銷售的任務，另外還有一個重要的使命就是取得目標受眾的資料。但我想提醒您，千萬不要太貪心，毋須一次就取得所有用戶的身家資料。因為當表單欄位從十一個縮減到四個的時候，轉換率就會增加至 120%。換言之，只要第一次能夠取得目標受眾的電子郵件即可，往後我們可以藉由不同活動機制的設計，再設法取得其他的資訊。也因為新版個資法和歐盟的《一般資料保護法規》（GDPR）[8] 已經上路，所以這個部分也要特別小心哦！

　　接下來，我舉一個實際案例來跟大家分享：我從 2019 年元月開始，推出了一個名為「Vista 寫作陪伴計畫」的新服務。顧名思義，這個寫作陪伴計畫就是專門為了有志於精進寫作技巧或是對於寫作有困擾、需求的朋友們所設計。

　　這個寫作陪伴計畫，轉眼已經進入了第四期，另外有兩期企業包班。學員們來自海內外，大家的學習需求也非常多元。舉例來說，有人想要出書、有人想參加徵文比賽，也有人想要打造個人品牌，甚至還有人想幫自家的商品設計厲害的銷售頁……

Vista 傳送門

「Vista 寫作陪伴計畫」的銷售頁：
http://content.tw/vista/

為了宣傳自己所主持的「Vista 寫作陪伴計畫」，我除了在 Facebook 粉絲專頁或自己的部落格上頭宣傳，當然也不可免俗地設計了一個銷售頁，請透過傳送門前往瀏覽。

如果您現在打開這個專門為了最新一期「Vista 寫作陪伴計畫」所設計的銷售頁，首先映入眼簾的就是前幾期夥伴的口碑見證，然後往下捲動網頁，才會陸續看到諸如：計畫特色、計畫簡介、講師介紹、價格與好康優惠等相關的課程資訊。

嗯，為什麼我要在最重要的黃金版位放上客戶的口碑見證，而不是和銷售有直接關係的課程資訊或價格資訊呢？嗯，這自然是為了增加「Vista 寫作陪伴計畫」的專業與可信度，並藉此帶動本顧問服務的轉換率。換言之，也就是希望透過口碑的力量，向潛在客戶銷售我的顧問服務。與其大言不慚或自吹自擂，倒不如讓大家看看之前學員的親身見證，藉此提高對於「Vista 寫作陪伴計畫」的好感與信賴。

設計銷售頁的四大查核點

看到這裡，我想您一定也很心動，想要打造既能吸睛又可以帶來轉換的銷售頁吧！

那麼，我們應該如何著手設計銷售頁呢？除了率先設定明確的目標和獨特的行動呼籲之外，我建議可以先對銷售頁建立一番正確的認知。

　　首先，不急著打開電腦開始搜集資料。您需要先針對想像中的銷售頁面，構思一幅藍圖：設計一種便利的路徑和絕佳的體驗，讓目標受眾得以透過社群連結、搜尋或網路廣告進入銷售頁，然後再按照先前所擬定的內容策略，逐一達成您希望目標受眾採取行動的事情，好比購買商品、訂閱服務、註冊會員或索取資料等。當目標受眾採取這些行動，也就順利達成轉換了。

　　至於在銷售頁的設計方面，正所謂「一圖勝千文」，生動活潑的圖像和影音資訊可說是必備的素材了。我們除了要寫出具有說服力的文案，提供清楚的產品展示圖片也非常重要；當然，也少不了清楚且容易辨識的購買按鈕，再搭配令人怦然心動的文案與優惠價格，以便達到「勸敗」的效果。

　　整體而言，銷售頁的確很有效，也廣為企業界所採用。它並沒那麼神秘，只要充分掌握產品資訊與消費心理，再擬定合理的內容策略，自然就能有效地幫我們將目標受眾轉化為實際客戶。

　　銷售頁的運作邏輯聽起來並不困難，但是當您開始動手設計的時候，可能就會發現箇中存在許多的細節，除了要注意文案寫作的部分，還得同時關注圖片、影音、表單以及行動呼籲按鈕等元素的配置。而且，在設計好銷售頁之後，通常還得要經過 A/B Testing[9] 的流程，測試市場的偏好與接受度，才會找到最佳的呈現方案。

　　在此，我也想提醒您一個重要觀念，那就是銷售頁是為了達成轉換而存在。所以，即便無法立即促成轉換，至少也要做到讓

人產生好感或留下不錯的印象，願意填寫姓名、電子郵件或手機號碼等寶貴的個人資料。

另外，在這邊我也想分享幾個設計銷售頁時可做為參考的查核點：

1 **銷售頁是否與目標受眾的需求相互吻合？**

2 **是否有使用目標受眾的慣用詞彙來撰寫文案？**

3 **是否有足夠的獨特價值吸引目標受眾？**

4 **是否簡單明瞭，讓目標受眾不假思索地採取行動？**

綜觀以上四點，不難發現共同的關鍵字就是目標受眾。當我們在著手設計銷售頁的時候，應該要把目標受眾擺在第一位，而不是以公司老闆的想法或產品銷售為出發點。換句話說，我們不只是透過銷售頁來展現貴公司的產品、服務情報，更應該讓大眾理解——究竟能帶給消費者哪些實質的利益和好處？

簡單總結一下，當您開始設計銷售頁的時候，請謹記不是把網頁做得美輪美奐就好了！我們更需要考量這個銷售頁是否具有說服力？能否達成使命？換句話說，也就是要透過銷售頁來獲得目標受眾的理解、信任，以及達成最關鍵的行動呼籲。

毫無疑問，銷售頁就是一個可以將流量順利轉化為訂單的行銷工具。看完本節有關銷售頁的介紹之後，您是否躍躍欲試了呢？嗯，現在就跟我一起動手設計吧！

7 跌破眼鏡，4300% 的超高投資報酬

一提起「電子郵件行銷」（Email Marketing）或「電子報」（Newsletter），我相信可能有些朋友會眉頭一皺，露出嫌惡的表情。我知道，您多半會覺得現在都已經進入二十一世紀了，大家連業者精心設計的 EDM 都不想看了，幹嘛還要花時間經營電子報呢？這不是多此一舉嗎？

其實，電子郵件並未落伍，反而可以為您提供與目標受眾之間最直接的溝通方式。話說回來，也有許多國內外的專家、學者認為，電子郵件行銷是當今最具特色的主動式行銷工具。

▎三大優點，帶來高投資報酬率

誠然，電子郵件並未凋零。根據 Radicati Group [10] 的調查發現，2018 年時全球電子郵件的用戶數來到三十八億人，預計在 2020 年會突破四十億大關。到了 2022 年底的時候，可望達到四十二億的規模。[11] 換句話說，這個世界上已經有超過一半的人口都在使用電子郵件，更可觀的是世人每個小時所寄出的電子郵件高達一點二兆封，顯見電子郵件與我們的關係依舊是相當緊密的。

更值得注意的是終其一生，大家可能會更換手機號碼或社群

媒體的帳號，甚至貴公司的網站、部落格也可能會歷經改版或關閉，但我們每個人所慣用的電子郵件帳號，卻可能一路從學生時代開始長期使用，直到人生謝幕。

知名顧問諮詢機構麥肯錫公司就曾指出，相較於時下流行的社群媒體，電子郵件是更有效獲取客戶的行銷方式。該公司的調查發現，有 60% 的消費者認為電子報會影響他們的購物決定。

另外根據直效行銷協會的調查，電子郵件行銷可以產生高達4300％的投資報酬率。換句話說，當貴公司投資一美元在電子郵件行銷上頭，便可產生約四十三美元的銷售金額。也因為電子郵件仍受到消費大眾的青睞，所以有 56％ 的行銷人員將電子郵件視為最有效的客戶關係通路。

除了以上跟您分享的若干數據之外，我認為經營電子報至少還有三個優點：

第一個優點，可以傳播和擴散貴公司的品牌知名度。透過電子郵件的傳遞，可以讓您和訂閱者之間建立習慣性的溝通管道，也可以讓他們從眾多競爭對手之中快速地辨別出貴公司的品牌，進而保持信任關係與友善連結。

第二個優點，可以充分運用與活化貴公司現有的內容資產。許多企業可能經年累月囤積了大量的內容和素材，卻不知道可以如何妥善運用？如今有了電子報，便彷彿多了一個行銷通路。舉例來說，您可以針對貴公司過往最受歡迎的部落格文章重新進行摘要和整理，並可透過電子報與潛在客戶們溝通、分享。

　　第三個優點，可以觸及更多不同領域的目標受眾與潛在客群。透過電子報無遠弗屆的傳遞與分享，有助於突破現有的同溫層，觸及更多對貴公司的業務或專業領域感興趣的族群。同時，透過分享有價值的資訊，還能夠擴大現有讀者的覆蓋面，而這也是電子郵件行銷比社群媒體行銷更具有優勢的一個面向。

▎電子報的成功四準則

　　看到這裡，我相信您已認可電子郵件行銷的魅力了！但要如何把一段平凡無奇的銷售流程，變成陪伴讀者走過的神奇旅程？接下來，就讓我來跟您分享如何經營一份人見人愛的電子報吧！

　　來自日本的電子報顧問，也是《電子報成功術》一書的作者平野友朗[12]，就把電子報劃分為「農耕型」與「狩獵型」兩種型態。「狩獵型」電子報的發行目的顯而易見，就是透過文字的力量設法煽動消費者立即購買，業者會利用聳動而吸睛的標題來吸引大家的關注。而「農耕型」電子報則是透過持續的接觸與溝通，設法與消費者建立長遠的信賴關係，進而將業績最大化並藉此壯大自家的品牌。

　　平野友朗顧問認為「狩獵型」電子報的崛起，固然能夠讓業績在短期內大幅攀升，卻難以招攬回頭客。唯有運用「農耕型」電子報這種細水長流的永續經營方式，才能為貴公司奠定長久而穩固的業績基石。

基於建構「農耕型」電子報的遠大目標，平野友朗也提出了發行電子報的四大準則。這四點，我也相當認同。

第一個準則，發行目的必須明確。

不難想像，很多人的腦海浮現經營電子報的念頭時，大多是從商業邏輯出發。一般來說，發行的目的不外乎：促銷自家產品、撙節成本開銷、分享最新情報或是期待和客戶溝通。再不然，就是把電子報當成貴公司宣傳活動中的一環，甚至是希望將電子報當成廣告媒體來使用。

以上這些有關發行電子報的目的或想法，其實都無可厚非！但請您一定要先弄清楚經營電子報的目的，如此一來，才能踏實地設定內容策略，並有一個好的開始。一如全球知名的廣告人李奧・貝納（Leo Burnett）[13] 所言，「做生意的唯一目的，就在服務人群；而廣告的唯一目的，則是對人們解釋這項服務。」

第二個準則，仔細思考由誰撰寫內容。

在這個資訊爆炸的年代，資訊攝取已經不再是大家關注的焦點。所以，若能打造一份具有獨特觀點和特色的電子報，才會比較容易爭取到讀者朋友們的眼球。所以，如果您想要經營一份高開信率的電子報，除了要在主旨和每一期的內容上頭下功夫，更需要從目標受眾的角度出發，思考他們的需求以及自己可以給大家帶來的利益與好處。

換句話說，綜觀電子報的內容產製流程，不但要兼具專業水準，更必須要有溫度和情懷，可以說出感動人心的好故事。所以，建議您最好別輕易把編輯工作外包，最好能夠由清楚掌握貴公司的營運方針，並且可以用永續經營的角度看待未來發展的人士來主導。這個人選除了得充分瞭解自家產品、服務的特色，更必須理解行業趨勢，以及迅速地找出與競爭對手之間的具體差異。

第三個準則，選擇有效率的發送方式。

一般人以為電子報落伍了，除了受到刻板印象的影響，其實主要的原因出在執行不力，而非工具無效！很慶幸我們生活在這個科技發達的年代裡，只要支付一點點費用，坊間就有很多便捷的電子郵件行銷服務與數位工具可供選擇。話說回來，您只需慎選有效率的發送管道和方式，經營電子報將不再是難事。我也順便在此呼籲，建議大家不要再透過貴公司的郵件伺服器或免費的電子郵件信箱（好比 Gmail 或 Hotmail 等）來發送電子報了！

想要打造一份人見人愛的電子報，除了可以善用各種方便、有效率的電子郵件行銷專業服務，自然也需要注意一些寄送電子郵件的細節。舉例來說，碰上連假或周末的時候，往往開信率最低，而周一因為是一個星期的開始，大家都忙著開會和工作，可能也無暇觀看電子報，所以最好能避開這些時間點寄送電子報。另外，若以時段來看，早上九點左右或午餐之前的空擋，都是不錯的電子報寄送時間哦！

根據 Forrester Research 的研究發現，有 71% 的用戶之所以退訂電子報，其實是因為業者的發送頻率太過頻繁。嗯，這一點也值得大家特別注意──就算每一篇電子報都是有料的乾貨，若發送頻率太過密集，難免也會讓人感到厭煩！所以，我們也必須考量讀者的感受與身心狀態。

第四個準則，確認電子郵件名單的資產價值。

電子郵件名單有如可隨時發揮功用的存款，但要謹記，名單雖然很重要，但並不完全等同於金錢或量化的數據，而是一種匯聚人氣和信任關係的表現。換言之，若無法取得讀者的認同，就算手邊擁有再多的名單也是枉然。

我猜想可能有很多朋友會想問，電子郵件名單很重要，那應該如何搜集呢？嗯，您可以透過網路廣告、銷售頁、策略聯盟或免費提供好康等方式來獲取名單。不過，更關鍵的議題是當您搜集了一堆電子郵件名單之後──要如何妥善管理、分類與運用，並針對不同面向的客群來發送電子報，才能讓貴公司能夠擦亮品牌形象，被更多人看見！

整體而言，電子郵件行銷的決勝點並不在名單數量的多寡，而是品質。要把重點放在您和潛在客戶之間所有可能的接觸點或互動的關鍵時刻，讓那些對貴公司的品牌或產品、服務感興趣的目標受眾可隨時透過電子報或郵件獲得最新資訊，並保持緊密聯繫。

▌抓住讀者心，有效增加開信率

　　蘇・赫許可維茲寇爾（Sue Hershkowitz-Coore）[14] 在她所撰寫的《寫出好業績：業務老鳥、菜鳥都要懂的銷售信函寫作術》一書中指出，撰寫帶有銷售目的的電子郵件時，我們必須「穿上對方的鞋子」，給予潛在客戶想要知道的資訊。

　　其實，無論是電子郵件或其他性質的文本內容，一如本書作者所言：「一封好的郵件內容簡要，但務必包含真誠的心意，若對方能感受到您的誠意，信件內容就比較容易被認真看待。」

　　所以，我也建議您可以多思考一下有關消費者的使用情境，或是可以從使用體驗的層面著手，鼓動目標受眾主動去思考消費場景，並設法締結信任關係。

　　已故的美國廣告大師約翰・凱普斯（John Caples）[15] 曾說過：「廣告會失敗，通常是因為廣告人的眼裡，只有自己的作品；他們卻忘了告訴客戶，為什麼需要這樣的產品？」這句話振聾發聵，老實說，我覺得這也是許多電子報成效不彰的原因之一。

　　如果您想運用電子郵件行銷，我會建議從一開始就設定明確的目的和期望，並寫出有溫度的內容，藉此打動人心。除了讓訂閱者知道他們可以從電子報獲得哪些具體的內容之外，也別忘了告訴目標受眾，可以在多久的期限內收到您的回覆？

　　所以，當您在撰寫電子報的內容時，除了要有溫度、情懷和個人風格，也要記得以解決目標受眾的問題為第一要務。想要經

營一份成功的電子報，有時必須跳脫產品或服務銷售的思維，設法找出一個獨特價值主張，並將其寫成核心訊息。誠實地問自己：我的產品對客戶有什麼價值？可以為他們帶來哪些好處？花點時間想清楚之後，自然容易獲得青睞。

而在內容產製的部分，請謹記最好的電子郵件內容策略，是提供 90％與目標受眾相關的專屬內容。換言之，建議您可以從專業內容的角度出發，但中間不妨穿插一些生活資訊或節慶活動等比較軟性的情報。舉例來說，您的電子報除了必須傳達專業資訊，最好也能夠真實地表達撰寫者的情感，甚至可以運用一些小技巧，設法抓住讀者的心！

舉例來說，與其在電子報的內文寫：「Vista 老師將於 12 月 30 日舉辦一場內容行銷的實戰工作坊，名額有限，現在報名享有早鳥價！」不如改用以下的寫法，也許可以更吸引人：「正在閱讀電子報的朋友們請暫停一下，現在就打開您的行事曆，然後幫我在 12 月 30 日登記一下吧！我要舉辦一場有關內容行銷的實戰工作坊，跟您分享 2020 年最新的行銷趨勢唷……」

知名作家林語堂曾說過：「演說要像迷你裙，愈短愈好。」我也建議您別把電子報寫成老婆婆的裹腳布了！我們最好能適度控制電子報的篇幅與內容，避免充斥太過艱深或專業的主題，偶爾可以穿插一些生活資訊或心情寫照，讓您的電子報兼具理性與感性。當然，這樣的做法也能拉近與目標受眾之間的距離。

至於在郵件主旨的部分，其實也有不少的學問哦！舉例來

說，知名的行銷效益分析公司 Retention Science[16] 在分析了五百四十個零售電子郵件行銷活動（總計調查超過二點六億封電子郵件）之後，赫然發現電子郵件的標題若能保持在六到十個字，可以帶來 21％的開信率。另外，若將收件人的名字巧妙地置入電子郵件的主旨中，則可以提高 2.6％的開信率。[17]

根據 BlueHornet[18] 所發布的《2015 年電子郵件行銷的客戶觀點》[19] 顯示，有 67.2％的消費者使用智慧型手機查看電子郵件，另外 42.3％的消費者則習慣使用平板電腦……這項數據正節節高升，也相當值得重視。所以，我們也需要多針對行動裝置用戶的使用習慣來進行思考和規劃。

從電子報經營到電子郵件行銷，這個範疇中有太多的細節和學問，像是如何設計高點擊的電子郵件、如何透過電子郵件行銷提升業績以及如何使用自動化行銷工具等等，也都值得關注。

如果您有任何相關的問題，都歡迎透過「**內容駭客**」網站與我聯繫，歡迎有空來逛逛！

Vista 傳送門

透過「內容駭客」網站與我聯繫，
歡迎有空來逛逛！
https://www.contenthacker.today/

• CHAPTER •

6

[個人品牌，
是你的最佳名片]

個人品牌的定義，眾說紛紜。
不過亞馬遜執行長貝佐斯的說法，
可說是相當地簡單明瞭。
他認為個人品牌就是指：
當您離開現在這個地方時，別人所談論的您。

1 零工經濟時代，個人品牌讓你活得精彩

我相信，您一定常聽到有人提起個人品牌這件事，近年來坊間也有不少的書籍、講座教人如何打造個人品牌。甚至我自己也曾開設類似「自媒體訓練營」[1]、「打造我的個人品牌」[2]等相關的課程與講座，幫助很多有志於更上一層樓或是想自我突破的朋友們踏上康莊大道。

▍你，就是品牌！

在正式開始介紹什麼是個人品牌之前，不妨先讓我們追本溯源，花點時間理解一下何謂品牌？

其實，早在 1960 年，美國行銷學會（American Marketing Association，AMA）[3] 就曾明確定義：「品牌乃是一個名稱（name）、詞句（term）、標誌（sign）、符號（symbol）、設計（design），或是以上的組合使用；其目的是為了確認一個銷售者或一群銷售者的產品或勞務，不至於與競爭者之產品或勞務發生混淆。」

這段話聽起來也許有點文謅謅，不大容易理解。沒關係，我們來聽聽被世人譽為「當代行銷學之父」的美國西北大學凱洛管

理學院名譽教授菲利普・科特勒（Philip Kotler）[4] 怎麼說吧！他指出：「品牌的意義在於企業的驕傲與優勢，當公司成立之後，品牌力就會因為服務或品質，而形成一種無形的商業定位。」

維基百科也指出，一個品牌是由消費者在多年的使用中所體驗的感受積累而成，這些內在的感受就是那個品牌本身。換句話說，品牌的本質並不是名牌的名字，而是消費者內心對產品和服務的一種內在的感受。[5]

我看過不少的學術期刊，有關個人品牌的定義，可說是眾說紛紜。但我很喜歡全球電商巨擘亞馬遜執行長傑夫・貝佐斯（Jeff Bezos）有關個人品牌的說法，可說是相當地簡單明瞭。他說：「您的品牌是指當您離開現在這個地方時，別人所談論的您。」（Your brand is what people say about you after you leave the room.）

按照傑夫・貝佐斯對於個人品牌的看法，便不難理解：當我們在談論個人品牌的時候，真正的重點並不在於這個人的頭銜、包裝或外在形象，而是——他所扮演的角色，以及在旁人眼中的自己，被賦予什麼樣的定位？

老實說，個人品牌聽起來雖然很酷，但並非新鮮事！換句話說，打造個人品牌的概念至少可以追溯到二十幾年前。1997 年的時候，管理學大師湯姆・畢德士（Tom Peters）[6] 在美國的《快公司》（*Fast Company*）雜誌上發表了一篇名為〈你就是品牌〉（*The Brand Called You*）[7] 的文章。

　　簡單來說，作者認為不是只有企業老闆或名人才需要認真地塑造個人形象，而是所有人都應具備這樣的思維。

　　湯姆‧畢德士指出：「在職場建立個人品牌，就是新世紀的工作生存法則。」當您在特定的專業領域，已經能夠獨當一面的時候，如果想要再上一層樓，這時便需要借助品牌的力量，打開通往世界舞臺的那扇門。換言之，建立個人品牌，可說是二十一世紀最重要的能力之一。

　　為什麼我們需要個人品牌力呢？請參考下圖。

　　有些人可能誤以為，在當今社會只有創業者才需要建立個人品牌，其實這個觀念並不正確哦！如果您能夠培養自己的個人品牌力，可以讓您的技能和經驗形成一種獨特的組合，得以從所在領域的眾多專業人士之中脫穎而出，並能夠建立極具特色的形象。不管您是否選擇創業，都可以透過經營個人品牌的方式來促

為何需要個人品牌力
個人品牌力──就是你的超能力

進自己的職涯發展唷！

換句話說，無論您是一名工程師、醫師、律師或投資理財專家，或者只是一位以接案維生的自由工作者，只要肯努力耕耘，都可望在自己所屬的專業領域裡嶄露頭角；但您如果想要擴大自己的聲量，希望影響力無遠弗屆，甚至能夠幫助更多人，而不只侷限在特定的小圈圈或同溫層裡⋯⋯嗯，這就需要建立個人品牌形象了！

畢竟，在這個連企業或工作都可能隨時消失的年代，唯有自我價值的展現才能綿延恆常。這一點，剛好和我前陣子所讀到的《一人公司》[8] 這本書能夠相互呼應，作者保羅・賈維斯（Paul Jarvis）指出只要能夠為自己的目標設定下限，用您的生活方式來經營事業，每個人就是一人公司！

個人品牌，就是活出自己想要的樣子

談到個人品牌，很多人都會想起《一週工作 4 小時：擺脫朝九晚五的窮忙生活，晉身「新富族」！》、《人生勝利聖經：向 100 位世界強者學習健康、財富和人生智慧》等暢銷書籍作家提摩西・費里斯（Timothy Ferriss）。

提摩西・費里斯的個人品牌形象相當鮮明，他之前接受採訪的時候，也曾談到經營個人品牌的二三事。[9] 他指出打造個人品牌並非自己的優先事項，反而在日常生活中會把更多的心力放在

生活方式的設計、加速學習、到世界各地旅行以及教育改革等範疇。但有趣的是伴隨他完成這些夢想的同時，其個人品牌也愈加地響亮，他的觀點和論述開始被許多媒體轉載，來自世界各地的讀者也愈來愈多……

提摩西·費里斯表示：「儘管有人公開抨擊我做的事情，老實說有的時候的確很難熬，但我仍致力做我自己，並成為我自己的最好版本……在我看來，一個理想的個人品牌不應該是最終目標；它應該是一個同時具有良好目標和一致行動的副產品。」

他的這番話，具體地點出了個人品牌的特性。誠然，經營個人品牌未必是每個人努力想要得到的結果，但卻是伴隨我們成為更好的人的過程中的積累。

提摩西·費里斯不但是一位多產作家，本身也是高效的自由工作者。耐人尋味的是除了寫作之外，他把絕大多數的工作都外包給了虛擬助手代勞。這是為什麼呢？因為這樣做，可以讓他省下不必要的時間，專注在寫作上頭；如此一來，他不但能夠運用最多的心力來產出最有價值的事情，並且能夠以忠誠的態度來面對他自己的讀者、粉絲和品牌聲音。

讀到提摩西·費里斯的故事，就讓我不禁想起知名的國際商務談判講師鄭志豪[10] 所寫過的**一篇文章**。本身就是一位談判高手的鄭老師，他的個人品牌也讓人過目不忘。他認為所謂的個人品牌，其實就是活出自己想要活出的那個樣子。我很喜歡這段話，或許可以為經營個人品牌這件事寫下一個貼切的註腳。

就像本名都省瑞的阿滴[11]，雖然年紀輕輕，如今卻已經是臺灣知識型網紅的代表人物，他和滴妹在 YouTube 平臺上頭所開設的「阿滴英文」頻道，訂閱人數已經突破兩百三十六萬之譜。但他之前在接受《天下》雜誌採訪的時候，卻坦言自己渴望當一個「影響者」（influencer）。[12]回想起在 YouTube 上教英文的初衷，阿滴提到一開始只是想幫助大家開心地學英文而已，後來卻創業開起公司，也從個人 IP 走向了品牌經營之路。

綜觀阿滴和滴妹的職涯發展，從一開始經營英文教學頻道、推出紙本雜誌，到後來創業開設公司，甚至朝多角化經營，真可說是一步一腳印。如今，阿滴英文已經成為國內英文教學領域的知名品牌，或許可以說他們兄妹倆就是活出自己想要的樣子吧！

阿滴曾說過：「成功不是意外，而是一種累積。」[13]這番發自肺腑的心聲，讓人印象深刻。我想，這句話也很適合用來詮釋個人品牌的經營之道。嗯，讓我們共勉之！

Vista 傳送門

鄭志豪老師對於「個人品牌」的見解：個人品牌，就是活出自己想要的樣子！
http://negotowin.blogspot.com/
2017/05/blog-post.html

2 持續的熱情，是「內容變現」的前提

　　我們在本章的第一節中，曾引用美國電商巨擘亞馬遜公司執行長傑夫‧貝佐斯的說法，跟大家介紹所謂的個人品牌——也就是當您離開現在這個地方的時候，別人所談論的您。

　　換言之，當別人一提起您的時候，如果能夠讓人在腦海中建立一種正面、積極與清晰的形象——雖然我們還不能因此斷言您肯定會成功，但也可以說您的個人品牌應該初具規模了。

▍經營品牌的五個關鍵步驟

　　您的個人品牌，必須能夠清晰地展示出下列三個訊息，分別是：您是誰？您在做什麼，為何大家需要關注您？以及您為什麼與眾不同，如何為社會大眾創造更大的價值？話說回來，這些訊息就好像是張貼在商品上頭的標籤，雖然微小、不起眼卻很重要。

　　在開始著手打造個人品牌之前，我建議您也不妨為自己選出幾個最具代表性的關鍵字或標籤，並藉此進行自我檢視。事後逐一觀察這些標籤的時候，您會赫然發現——每個人對您的想法可能都不盡相同，這當然沒有對錯可言，但您自己的傾向與選擇，其實也代表了自己和別人如何看待這件事？話說回來，那不只是

自己的意向投射，更代表了若干的價值觀。

我也曾經在 Facebook 上頭徵詢大家的意見，請朋友們試著幫我「貼標籤」。很多人說我是個溫暖的人，樂意跟大家分享各種知識與情報……感謝大家對我的抬愛，我知道自己還需要努力和改進。

但我也曾好奇地揣想，如果讓我來幫自己選幾個關鍵字的話，那會是什麼呢？嗯，也許包括了信任、創造、愛、細心、熱情、速度、準時、恆心以及負責吧？不只是拘泥於字面上的意涵，我更重視這些關鍵字背後的脈絡與連結。我想，如果您有不同於其他人的專長和個人特質，也有助於打造個人品牌唷！

我除了喜歡寫作，也熱愛閱讀，所以也時常使用 iPhone 手機裡的《得到》App，可以從中獲取一些有趣的情報。其中，由獨立諮詢顧問薛毅然所開設的《怎樣找準你的職業路線》課程，就讓我印象深刻。

薛顧問談到倘若我們想要自我洞察的話，可以問自己以下這三個問題：

1 您做過哪些有成就感的事情？
2 您做哪一些事情之前會充滿期待，願意把時間花在上面？
3 您認為自己努力的話，可以擅長做哪些事情？

以我而言，寫作、分享以及經營網站這幾件事，都會讓自己

覺得趣味橫生，也很有成就感。而寫作、閱讀和鑽研各種趨勢、新鮮事與產業動態，也會讓我對未知的事物充滿期待。所以，我就可以結合這幾個面向之中的特色與共同點，然後找到可行的切入點開始努力……嗯，如此一來也就不難找到經營個人品牌的方向了。

所以，您如果有心想要經營個人品牌，我會建議在開始行動之前，先問問自己這三個問題唷！特別是還沒找到明確方向的朋友們，更值得好好思考一番。可以的話，我也推薦您可以購買《怎樣找準你的職業路線》課程來閱讀哦！

嗯，打造個人品牌這件事固然令人怦然心動，但您最好要有所認知和心理準備，這其實是一段長期的征戰旅程，並非一蹴可幾的事情。畢竟，要做好策略思考、業務布局、人脈經營與資源整合，的確不容易哪！

不過，您也別緊張，或者因此就打退堂鼓！打造個人品牌，當然還是有方法可以依循。以下，就讓我為您介紹五個關鍵步驟，並逐一進行解說：

1 盤點資源與強項。

2 設定目標受眾與市場區隔。

3 淬煉獨特價值主張。

4 規畫內容與行銷策略。

5 經營社群與自媒體。

▍品牌，是一步一腳印的累積

我知道，有些朋友對於經營個人品牌的起心動念，其實是源自於想要變現、發大財！我不能說這樣的想法是錯誤的，但您在開始付諸行動之前，誠然應該先思考自己有哪些專長和資源？舉例來說，如果您本身是一位手工達人，擅長各種手作的作品，也許就可以朝經營手作品牌的方向邁進！但如果您只是喜歡手作，技藝部分卻還不到專家的程度，那可能就需要多刻意練習了！

接下來，您必須明確地設定自己的目標受眾，並且做好市場區隔，別貪心地想要把六歲到六十歲的受眾都一網打盡！舉例來說，我有位講師朋友 Taker Wu[14]，自己架設網站來教大家寫程式，他標榜只需要十五天的時間，就可以用網頁來打造自己的人生……嗯，聽起來是不是很吸引人呢？

以 Taker Wu 的案例來說，他的市場區隔就做得相當好，主要的目標受眾相當明確，鎖定具有強大成就動機的網頁工程師、設計師以及自由工作者。他透過「網頁 15 天」[15] 線上課程來幫助許多人成功轉職，同時也為自己帶來收益。許多學生在學完課程之後，不但順利地在職場上應用所學，甚至能夠自己接案、開課，可以說是成果斐然！

設定好目標受眾與市場區隔之後，接下來就要淬煉出您的獨特價值主張。老實說，打造個人品牌有很多方法，但有些人只注重工具、數據或聲量，其實這樣是不完整的……嗯，除了找到自

己的個人品牌定位，更需要定義您的個人品牌靈魂，也就是所謂的獨特價值主張。若能專注在自己可以為朋友、客戶所帶來的真正價值，自然能夠獲得目標受眾的青睞。

至於該如何淬煉獨特價值主張呢？建議您可以從提出具體的好處、差異點以及共鳴點等三個方向著手。以我自己為例，同樣在企業與大學院校講授文案寫作與內容行銷的課程，但我特別重視實作練習，希望可以透過實際演練的方式手把手帶領學員成長。這一點，也讓我和其他同樣教寫作的講師們形成若干的區隔。有趣的是這個差異點，也激發我在 2019 年 1 月推出「Vista 寫作陪伴計畫」的服務，如今已有超過一百位學生參加過這個寫作陪伴計畫。

其中，第三期「Vista 寫作陪伴計畫」的學員林靜還告訴我：「參加寫作陪伴課程感覺踏實許多，也比較知道怎麼朝目標前進。不管是線下課程或是透過 LINE 提問，都可以感受老師教學的熱忱……」嗯，除了感謝大家的支持，我也相信這番話並非溢美之詞，而是發自學員內心的聲音。

為什麼我敢這樣說呢？原因很簡單，那是因為我把來自世界各地的學員都當成自己的親友，所以自然知無不言，很用心地跟大家分享哦！

搞定您的獨特價值主張之後，接下來就要規畫內容與行銷策略。嗯，您還記得什麼是內容策略嗎？我們曾在第二章為您解說過哦。內容策略，其實就是指內容產製過程中的規劃、開發與管

理。換句話說，我們之所以擬定內容策略，也就是為了創建、發布和管理有用的內容做準備。

　　而想要幫自己的個人品牌創建有價值且引人入勝的內容，就一定要借助內容策略的力量來推動。在開始產製內容之前，建議您在心中要先有一幅很明確的藍圖，除了必須事先定義好將要發布哪些內容？更要很清楚為何在特定的時間點發布？您也必須事先確認，自己所提供的內容或服務，能否滿足目標受眾的需求？

　　有關擬定有效的內容策略，可以參考下圖：

設定目的　　設定目標受眾　　找出關聯　　呈現型態　　發布管道

　　最後一步，則是經營社群與自媒體。我在第五章，曾為您介紹過有關經營官方網站、部落格與社群媒體的訣竅，不知道您是否還記得？我覺得這也是相當重要的一環，可以視自己的需求和能力來選擇投入的方向和資源。

　　在本章稍後的第五節之中，我也會跟您分享自己創辦「內容駭客」網站的一些經驗。不到兩年的光景，網站瀏覽量終於突破百萬，雖然流量不大，箇中倒也絲毫沒有僥倖的成份存在。這一路走來雖然辛苦，我卻甘之如飴──經營個人品牌對我來說，誠然是一步一腳印的積累。

3 選對平臺與網域，為品牌形象鋪路

如何讓你的品牌被找到、被看見

為了提高個人品牌的辨別度，我們在經營自媒體的時候，往往會需要用到內容發布平臺與網域名稱。但是面對市場上如此多的方案，又該如何選擇呢？接下來，就讓我來為您介紹吧！

▎選定平臺，登臺亮相的第一步

第一個要推薦您使用的平臺，就是部落格。只要花五分鐘註冊一個帳號，您很快就可以在諸如 Blogger、Medium 或是臺灣的痞客邦、方格子等平臺開啟自己的部落客之路，也可以讓部落格做為您展示個人專業與興趣的專屬平臺。

好好經營您的部落格，不但可以幫自己拓展生活或事業的觸角，更可贏得社會大眾的信任和影響力，獲得更多的曝光與聲量，並與潛在客戶建立聯繫。換言之，經營部落格除了可以抒發心情、認識朋友，也能夠用來宣傳商品資訊與品牌形象，進而開創商機和收入。

我敢說，只要您對某個領域有所涉獵或專精的話，而且又願意時常跟大家分享自己的觀點與各種有價值的資訊，遲早必然會引起同好或業內人士的關注，而這也是打造個人品牌的絕佳方

式。就好像我的朋友方道樞律師，在工作之餘開始經營自己的部落格[16]，同時透過書寫跟大家分享創業、金融與法律等專業知識，既可彰顯個人品牌，又能夠帶動業績成長，可說是相得益彰！

　　整體而言，透過持續書寫以及和讀者之間的互動，不但能夠練習寫作技巧與精進溝通、表達的能力，更可望擦亮自己的個人品牌。很多朋友其實已經知道經營部落格的好處了，為何還是舉足不前呢？除了思考寫作的主題之外，我猜想有些朋友可能會糾結於到底該自己架設部落格，還是直接在坊間一些部落格平臺申請帳號？

　　如果要我說的話，其實自行架站或依附現有的部落格平臺都好。因為經營部落格的重點，甚至是決勝關鍵，未必在於版面美觀與否，而是您有沒有持續地產出內容？所以，如果您有一些技術背景，或是找得到親友協助的話，我覺得不妨可以考慮用WordPress[17]這套開放源碼來進行架設。對了！當然您也可以付費請專家協助，如果有需要的話，我推薦可以找維觀點[18]或Carrie[19]協助。

　　如果您跟我一樣，想要先把心力放在產製優質內容上的話，那我就會建議您到 Blogger 或 Medium 等平臺註冊一個帳號，然後開始專心寫作。噢，對了！如下頁圖所示，也歡迎您追蹤**我的Medium 帳號**以及**內容駭客的選輯**，有空也會分享很多有趣的觀點和資訊唷！

　　在這邊可以跟大家分享一個案例，我有一位認識多年且同

「內容駭客」在 Medium 平臺上的選輯

Vista 傳送門

歡迎追蹤 Vista 的 Medium 帳號！
https://medium.com/@vista

「內容駭客」在 Medium 平臺上的選輯，全都集
結在這裡。
https://medium.com/ 內容駭客

樣曾身為媒體人的好友胡志強，因為他很巧合地跟前臺中市市長撞名，不利於發展個人品牌[20]；後來，他就選擇以「福澤喬」（Joel Fukuzawa）[21] 的名號來闖蕩江湖。他從 2018 年開始，在 Medium 平臺上寫作，如今已有超過三千五百位追蹤者。靠著在 Medium 平臺寫作[22] 以及其他媒體的付費轉載，不但讓吾友福澤喬能夠獲得穩定的收益，他也坦言靠著寫作平臺，可以讓自己慢慢被看見……

除了 Medium 這個平臺，我也推薦您可以使用 Blogger，不僅因為它隸屬於 Google 旗下，也有利於搜尋引擎最佳化，更棒的是使用者可以綁定自己的網域名稱，從而擁有更簡單好記的個人品牌。以我的「內容駭客」和「寫作酷」這兩個網站為例，當初就是在 Blogger 平臺上開始書寫，然後再搭配自己所註冊的網域名稱。

▌網域名稱，透露你對品牌的期許

嗯，說到網域名稱，我也十分建議想要發展個人品牌的朋友，可以花點錢為自己註冊一個獨特的網域名稱。每年只要花幾百元新臺幣的註冊費，就可以擁有一個容易識別的網址，這是不是很划算的事呢？

說到網域名稱的註冊，其實箇中也有不少的學問哦！您如果想要發展個人品牌的話，請參考以下這幾個建議哦！

　　首先，網域名稱一定要有意義，不要盲目跟風，當然，若能結合特定的關鍵字會更棒。比方有人喜歡用自己的名字註冊，就好像我也有拿下一個 VistaCheng.com 的網址，另外還註冊了一個更簡單的網址，叫做 Vista.vc，剛好可以應用在不同的用途。

　　其次，網域名稱不宜過長，若能眼明手快地註冊到簡單好記的網址，就好像在熱門的地段搶到一個不錯的門牌，是很棒的事情。有些朋友會執著於把一串關鍵字嵌入其中，其實這樣做的意義並不大，而且我猜想多數的網友恐怕也記不得呢！

　　至於後綴網址的部分，有人說最好選擇 .com 為後綴網域名稱，這一點我也同意，畢竟 .com 的價值非凡。不過，我認為倒不必拘泥於一定要註冊到 .com，就像「內容駭客」網站的後綴網域名稱是 .today，我自己就相當喜歡！

　　為什麼是 .today 呢？因為我認為，經營個人品牌最重要的一件事，就是不耽溺於昨天的榮光，也不過度期待未知的明天，而是把握今天的每一刻！

　　也曾有朋友問我比較推薦哪些網址註冊服務商，其實這也沒有標準答案，可以按照您的需求或喜好來做選擇。好比全球知名的 GoDaddy[23] 網站，是從事網際網路域名註冊及網站代管的上市公司。根據維基百科的資訊，截至 2016 年 1 月，據稱 GoDaddy 管理的域名超過六千一百萬個，成為獲得 ICANN 認證的全球最大註冊商，服務逾一千三百萬名客戶，員工總數也超過四千人。

　　不過，我自己比較偏好使用 Namecheap[24] 公司的服務。這家總部位於美國亞利桑那州鳳凰城的網路公司，也是 ICANN 認可的註冊商，提供域名註冊服務，以及向第三方註冊的銷售域名。它同時也是一家網站託管公司。該公司聲稱管理著超過一千萬個域名，是目前前幾大的域名註冊公司。

　　之所以喜歡透過 Namecheap 公司來註冊網域名稱，除了考量價格優惠和支援多種網域名稱之外，如下圖所示，該公司所提供的管理介面和使用體驗相當好，也是讓我選擇的主要原因。

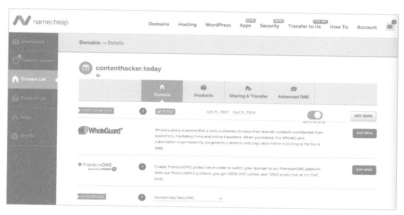

Namecheap 網站的網域名稱管理介面

　　當然，如果您想要註冊臺灣本地的網域名稱（好比 .tw），也可以考慮採用 Gandi[25] 網站或 PChome Online 買網址[26]、亞太 e 管家[27] 等廠商所提供的服務。

　　對了，最後我想要再提供三個與網域名稱有關的小提醒給您：

1 網域名稱應該與您的事業或發展項目相關。

2 網域名稱要有獨特性，不要和別人撞名。

3 網域名稱應該容易理解，不可產生誤解。

　　以搜尋引擎最佳化的角度來說，網域名稱的年齡也是一項重要的指標；不難想見，愈資深的網域名稱，Google 為其所打的分數也就愈高。如果您已經下定決心想要打造自己的個人品牌，或是想要好好經營自己的網站或部落格，建議您盡早投資一點時間和經費，好好註冊一個好記、響亮又富有意義的網域名稱吧！當然，如果有需要尋求我的協助，也歡迎**與我聯絡**唷！

Vista 傳送門

如果需要網域名稱與架站相關諮詢，歡迎來信！
https://www.vista.vc/p/contact.html

4 活用內容行銷，讓 TA 把你捧高高

　　想要經營個人品牌，您除了要盤點自己的人脈、資源，並設法找到一個以上的精通領域，我也鼓勵大家可以從經營自媒體開始做起。不過，在您開始架設部落格或申請 Blogger、Medium 或是痞客邦的帳號之前，最好先弄清楚自己為何而寫？動機和意圖又是什麼？

▋建立個人品牌的「公式」

　　很多人告訴我，之所以開始動筆，都是為了銷售產品，或是希望打造個人品牌的緣故。這些當然都無可厚非，但重點是您要找到適合自己的模式，進而寫出獨到的見解，並帶來核心價值。如此一來，也才能真正且持續地吸引目標受眾的目光。

　　對很多人來說，寫作可能是一件繁瑣的事。不但要事先規劃好主題，還得下標和構思切入點，然後再編排文句、段落，還得找一些精美的圖片來搭配。除此之外，寫作的時候還得要頭尾呼應，並且埋入**行動呼籲**等等。

　　有些朋友可能聽我提過，我可以在半個小時之內就可以完成上述的事情（詳情請參考第四章第四節）。也許您會感到詫異，

Vista 傳送門

關於行動呼籲，不可不知的重要觀念。
https://www.contenthacker.today/
2019/01/how-to-create-the-perfect-call-to-
action.html

但其實這一切都是需要經過長期的訓練和積累。如果您因為工作忙碌或沒有固定寫作的習慣，導致無法快速產製文章的話，那麼就應該好好地思考自己的內容策略了。

每個人都有自己的興趣、專長和特色，我相信您一定也有自己的長處。但重點是如何「組合」和「放大」，讓別人可以很容易就看見呢？定期撰寫部落格文章，是經營個人品牌很好的起點，但請注意：並不是傻傻地寫就可以成功（天底下沒有那麼簡單的事啊！），重點是您要從哪裡切入？要如何結合自己的專長、特色？可以幫大家解決什麼問題？傳達哪些獨特的觀點？帶來什麼有用的價值？

在正式啟動之前，不妨先盤點自己擁有的資源、強項，再思考自己所扮演的角色。換言之，我會建議大家可以先思考定位、工具和商業模式，再來才是把文章寫好寫滿。一開始若無商業模式的支撐，其實也無妨，不用太急切。只要您確定這是自己喜歡的事情，那就先開始投入吧！

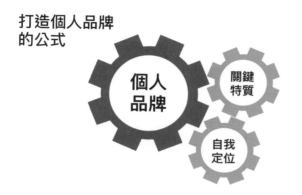

打造個人品牌
的公式

個人
品牌

關鍵
特質

自我
定位

　　如果說打造個人品牌也有所謂的公式的話，我想那應該就是如上圖所示，也就是：關鍵特質 × 自我定位 = 個人品牌了吧！

三大方法，用內容行銷打造個人品牌

　　至於我們在打造個人品牌的過程中，可以如何借力內容行銷呢？現在，就讓我跟您分享幾個可行的方法：

第一個方法，設法讓自己成為某一個領域的權威。

　　想要打造一個成功的個人品牌，我認為前提是必須提高您的知名度，並設法讓自己成為某一領域的權威。很多人深諳內容行銷的威力，也願意投入資源來產製優質內容，但卻對自己沒有信心，害怕站上第一線。其實，設法成為您所身處的行業或領域的權威，有很多顯而易見的優點；只要有專業素養作為支撐，您並

不需要花大錢打廣告來增加曝光，自己的品牌同樣可以得到目標
受眾的信任。換句話說，只要持續發布與您所身處的行業、領域
有關的情報，潛在客群自然會在有需求或遇到問題的時候主動聯
繫，或是造訪您的個人網站或部落格。

舉例來說，全球數位行銷領域的知名意見領袖尼爾‧巴德
爾，從十六歲就開始創業，後來靠著自學成為網路行銷大師。他
不但創立了同名的個人網站，同時也是 Crazy Egg、Hello Bar 和
KISSmetrics 等知名行銷工具網站的共同創辦人。如果您也曾經
搜尋過有關搜尋引擎最佳化、個人品牌或內容行銷的資訊，想必
也看過他所撰寫的精彩內容。透過這種傳播方式，他把自己變成
數位行銷領域的權威，而他的網站也儼然成為數位行銷領域的重
鎮，得以透過無遠弗屆的網路將自己的影響力輻射出去，可以說
是一種非常聰明又有效的行銷方式。

第二個方法，跟讀者分享更具有吸引力的故事。

這個世界上擁有數十億個網頁，單就資料量的規模而言可說
是相當龐大，就在我們眨眼的瞬間，又有很多新內容被產製出來。
儘管 Google 能夠在短短的零點一五秒內就找到數十萬筆資料，
但還是難以平復大家的資訊焦慮；同時，我們也必須要有一套足
以克服資訊焦慮的方法。如果您想要打造獨特的個人品牌，除了
持續撰寫文章之外，我認為您可以考慮透過講故事的方式來與目
標受眾建立連結。

　　講故事，可說是一種與目標受眾建立聯繫的絕佳方式。不只是傳統的行銷人員會運用講故事的方法來贏得他們的潛在客群，講故事對有心打造個人品牌的朋友來說同樣至關重要。看看今天幾乎所有成功的個人品牌，從九把刀、蔡依橙醫師、阿滴英文、我是馬克到黃阿瑪的後宮生活，這些專家、網紅或意見領袖的背景雖然不盡相同，但卻都有一個共同點——那就是這些活躍在社群媒體的人都很擅長跟目標受眾講述一個關於他是誰，以及為何其存在具有意義的一致性故事。

　　美國知名的專欄作家戴夫‧利伯（Dave Lieber）曾經表示：「故事很重要，因為它讓人們得以聽你的。故事是人們用來記憶事物的一種方式，比事實和數字的效果來得更好，而且故事有助於建立人際關係，能夠讓人們被吸引並參與其中。」他認為聰明的銷售人員首先應該跟客戶建立關係，然後再來談論產品的特性與利益。而在銷售的過程中若能講故事，則可以為彼此締結更高效的關係。所以，無論是您想要打造個人品牌，或是未來想要販售產品的時候，最好能夠透過講故事的方式來進行。要知道，故事得以創造激情，而激情則會帶來銷售。

第三個方法，運用多樣化的內容型態。

　　長久以來，很多人只要一提到內容行銷，除了會立刻想起美輪美奐的官方網站，大概只知道要投入時間來經營部落格和Facebook 粉絲專頁。但是，這並不是唯一的方法。特別是針對

打造個人品牌的需求，您可以針對自己的專業來考慮運用多樣化的內容型態進行搭配，像是網路研討會、資訊圖表、影音、電子書、白皮書與電子郵件行銷等，都是值得嘗試的內容型態。

那麼，要如何才能使您的內容行銷手法看起來既多元又有趣呢？我認為除了經營部落格，您可以拍攝一些影音內容，或許也可以創建一些具有吸引力和資訊豐富的資訊圖表哦！當然，運用網路工具來舉辦一些網路研討會或開始製作自己的 Podcast，也是很棒的做法！

其實，所謂的個人品牌就是當別人一提到您的時候，可以有一種正面、積極與清晰的形象，迅速展現在別人的意識之中。所以，當您借助內容行銷的力量來推動個人品牌的時候，必須能夠清楚地展示出下列三方面的訊息：

Who：您是誰？

What：您在做什麼？為什麼大家需要關注您？

Why：您為什麼與眾不同？如何創造出更大的價值？

換言之，無論您偏好使用哪一種內容型態或發布平臺，我很誠摯地建議您，一定要持續行動，並且讓自己的個人品牌保持一致的聲音哦！

一如加拿大作家羅賓・夏瑪（Robin Sharma）所言：「最微小的行動，永遠勝過最崇高的意圖。」

5 實際操作，五個面向盤點品牌成果

　　看完前面四節的內容，相信您對於如何經營個人品牌，應該已經有了比較全面且完整的認知。

　　其實，經營個人品牌不是名人、學者或專家的專利，也沒有想像中地困難，整個流程可以從思考品牌精神、設定個人定位與發展品牌故事等環節開始做起。如果您想打造個人品牌，當務之急顯然不是尋求變現和賺錢，而是必須先思考：自己的專長和價值觀是什麼？而您的客戶和粉絲，是否會被您所傳遞的觀點吸引？當然，您透過言談或書寫所對外傳遞的價值觀，也會決定了您和客戶之間的關係。

▎創立內容駭客的初衷

　　接下來，就讓我以自己所負責營運的「內容駭客」網站為例，來跟大家談談我是如何透過它來經營我的個人品牌。當然，在開始談這個案例之前，且讓我先分享一些相關的數據。「內容駭客」網站創立於 2017 年 10 月 21 日，係建構於 Blogger 平臺上，請參考下頁圖。

「內容駭客」網站

　　以網站的發展沿革來說，「內容駭客」網站成立至今尚未屆滿兩年（接近七百天）。總瀏覽量來到一百零七萬，以流量而言並不算高，但這段期間總計發表了五百五十一篇文章，平均下來大約每一點二天就產出一篇文章。我想，這也算是一步一腳印的積累吧？

　　回顧我之前的職涯發展，比較多的時間主要服務於網路產業和媒體。也因為個人興趣以及工作的關係，讓我對內容產製這件事情充滿熱情，也可算是熟稔相關流程的運作。不過，我很清楚如果自己想要打造個人品牌，經營自媒體（好比部落格、Facebook 粉絲專頁等）固然很重要，但不能只是當一個資訊的提供者——簡單來說，除了定期撰寫文章之外，更必須在我所產

製的文章、影片或資訊圖表等內容之中，注入自己的獨特觀點以及想要帶給大家的正能量與價值觀。

　　一如聖嚴法師所言：「生命的意義在不斷的學習與奉獻之中，成就了他人，也成長了自己。」誠哉斯言，回顧個人過往的發展，自己之所以經營「內容駭客」網站，主要著眼於當時臺灣並沒有與內容行銷相關的網站或部落格，所以讓我興起自己來做一個網站的念頭。

　　雖然坊間已有一些寫作或文案教學的網站，像是好友林育聖的「**文案的美**」、李洛克的「**故事革命**」等網站，也都經營得有聲有色；但在 2017 年的時候，臺灣本地似乎尚未看到有哪些網站，比較有系統地定期整理有關內容行銷的概念與案例。頂多，我們可以在某些網路媒體或行銷相關的網站上頭看到一些順帶的介紹

Vista 傳送門

由林育聖經營的「文案的美」，提供文案撰寫服務與文案寫作教學。
https://copywriter.com.tw/

由李洛克經營的「故事革命」，有豐富的免費內容，提供各類寫作上的指引。
https://www.rocknovels.com/

（當然，現在已經有愈來愈多的媒體、網站開始關注內容行銷，這誠然是一件令人開心的事）。

「自我盤點」的五個面向

嗯，言歸正傳，接下來讓我繼續談談有關「內容駭客」網站的經營細節吧！

知名的策略管理大師彼得・杜爾（Peter Doyle）鑽研品牌行銷多年，他認為成功的品牌必須要做到以下四件事：

1. 擁有第一流的產品品質。
2. 提供優越的服務。
3. 捷足先登。
4. 尋求差異化。

這幾年來，我常有機會在企業與大學院校講授內容行銷與個人品牌課程。根據過往的教學經驗，我發現大家都知道經營個人品牌的重要性，但之所以遲遲沒有踏出第一步，最困難的可能就是品牌定位了。

設法定義出自己的經營藍圖與最佳版本，是打造個人品牌極其重要的一件事。為了提供給您做一個參考，我把自己開始經營「內容駭客」網站之前所做的盤點與思考，也列在下方。當然，

以下這五個面向，也不啻為是一種自我盤點：

1. **個人優勢：豐富的寫作與教學經驗，可以提供及時且有效的協助、陪伴。**
2. **產品服務：文章分享、顧問諮詢、實體講座、實體課程、線上課程與書籍等。**
3. **目標受眾：即將面臨就業的大學生、上班族、對職場寫作或行銷有需求的族群。**
4. **感性價值：協助讀者、客戶克服寫作的瓶頸（從不畏懼寫作到愛上寫作）。**
5. **理性價值：協助讀者、客戶寫出有效（可以轉換）的文案。**

以我自己創辦「內容駭客」網站來說，因為經營旨趣主要聚焦在內容行銷的相關範疇，所以我很幸運地從網站成立的第一天就確立了方向：這個網站將以推廣內容行銷為主，並輔以搭配文案寫作教學、相關書籍的讀書心得與數位行銷的案例分享。

有了明確的定位與方向之後，我就能夠據此擬定內容策略，有把握可以產製對讀者朋友有幫助的資訊，並且對「內容駭客」網站所推出的內容進行品質把關。畢竟，在這個資訊爆炸的年代，光是撰寫一些無關痛癢的文章是沒有意義的！我除了期許自己可以寫出擲地有聲的好文章，更希望能夠把自己的工作經驗與教學理念分享給更多對內容行銷感興趣的讀者朋友們。

在確認擁有第一流的產品品質之後，接下來要做的就是建立優越的服務。我和「內容駭客」網站的另一位夥伴秦振家合作，每個月舉辦「內容駭客講座」[28]，每次針對與內容行銷相關的議題進行探討，有時也會邀請專家、學者前來分享。舉例來說，我們討論過的主題包括：如何應用內容行事曆、如何經營企業自媒體、如何經營企業官網、如何編輯企業刊物以及如何用簡報做內容行銷……等等。

以經營網站來說，除了定期提供精彩、有用的文章之外，我也期待透過實體的活動、聚會來跟大家進行交流，並與讀者朋友們交換彼此的看法。話說回來，透過線上與線下的融合，才能夠讓自己突破同溫層，不至於自我感覺良好，也得以和更多的讀者朋友們進行互動。話說回來，也唯有這樣做，才能夠為廣大的讀者朋友們提供優越的服務。

▍不懈地創作，終有成功的碩果

彼得・杜爾教授在品牌經營所提到有關「捷足先登」的概念，意思是指透過開發新科技、新定位觀念、新配銷通路、新市場區隔及填補環境變動的差距等方式來建立品牌形象。

以我自己經營網站的經驗來說，這幾點的確都是必須考量的面向。除了明確的品牌定位和市場區隔之外，我也很重視內容發布與配銷通路。不只是經營 **Facebook 粉絲專頁**，我也會透過

Twitter、LinkedIn 來對外發聲。最近，我也打算經營**電子報**，歡迎有興趣的朋友可以訂閱哦！

老實說，我自己經營「內容駭客」網站並不是為了出名或賺錢，也沒有太複雜的想法。對我來說，我喜歡和朋友分享各種有趣的資訊以及自己的觀點。撰寫文章對某些人來說，也許是一件讓人頭皮發麻的事，但對我而言卻只是一種日常；寫好一篇文章之後，就再努力構思下一篇的主題。

美國作家威廉‧亞瑟‧華德（William Arthur Ward）曾說過：「人生最大的風險，就是從不冒險。」我除了要鼓勵您一起參與創作，也想提醒大家要隨時自我檢視，不僅必須注意市場的脈動和讀者的需求，也需要不時地調整方向、筆觸哦！如此一來，方能達到「精益求精」的境界與目標。道理很簡單，因為想要追求成功，往往需要長期投入和積累，才能嘗到甜美的果實。

回首這七百天的努力，我必須謙卑地說，「內容駭客」網站距離成功還很遙遠，尚有許多努力的空間。但我在此也能夠自豪地說，自己的確透過這個網站連結了更多的人脈，也認識更多的同好、讀者與客戶，並且提供一些寫作與行銷方面的協助。

對我來說，寫作與分享本身是件快樂的事情，而能夠幫上讀者、朋友和客戶們的忙，更會讓自己怦然心動，雀躍不已。每個人對個人品牌都有不同的想法，但我知道，經營個人品牌並不是自己的終極目標——嗯，它真的就只是漫漫人生之中的一個副產品而已。

Vista 傳送門

Vista 的內容發布通路，歡迎追蹤訂閱！

Facebook
https://www.facebook.com/contenthacker.today/

Twitter
https://twitter.com/vista

LinkedIn
https://www.linkedin.com/in/vistacheng/

電子報
https://contentmarketing.vistaschool.today/

結語
掌握關鍵，內容行銷再進化

說到內容（Content），您的腦海中可能很快就會浮現一幅熟悉的畫面，其中不乏文字、圖像、動畫、影音、簡報或白皮書等各式各樣的內容型態……我相信，您一定聽過「內容為王」（這句話竟然是微軟公司創辦人比爾・蓋茲，在 1996 年 1 月的時候所說的[1]，有趣吧？）這句話！但是，您也許不知道，儘管當今各種資訊與數位工具不虞匱乏，但世人對於優質內容的渴盼，卻比以往任何時候來得更加殷切！

換句話說，以優質內容做為主要驅動力的內容行銷，已經進入了百花齊放的關鍵時代。放眼即將來到的 2020 年，內容行銷的未來發展更令人感到期待與興奮。

除了即將來到的 5G 應用，還有各種影音、多媒體資訊的普及，讓人眼花撩亂。內容行銷之所以令人引頸期盼，係因內容始終是行銷的核心——當大家愈來愈不喜歡被無聊的廣告轟炸的時候，反觀有用、有趣的內容卻能贏得消費大眾的青睞……話說回來，這也是我們和目標受眾連結的最佳途徑。換言之，內容行銷不只是能夠協助各行各業促進銷售，也是各家公司行號或組織得以對外創建品牌知名度、展示專業權威和建立信任的有效方式。

再說得直白一些，所謂「內容行銷進入關鍵時代」的真正意

涵，也就是指我們必須改變傳統有關硬式銷售（Hard Selling）的思維，轉而投向內容銷售（Content Selling）的擁抱，意思是我們必須與目標受眾站在一起，更加重視客戶需求以及觸動人心的使用體驗。

　　要知道，在當今的行動時代裡，廣大的消費者對於各種科技事物的操作和使用益發嫻熟；相對地，人們對於產品、服務的各種想望與要求，可能也會變得更加複雜、多變與嚴格。所以，在資源與預算有限的情況下，企業不可能無止盡地投放廣告，也就更需要透過內容行銷的協助來抓住目標受眾的目光，進而達到吸引、激勵和轉換潛在客戶的銷售目標了！

　　知名人力資源服務公司 Randstad USA 的數位行銷副總裁史凱樂・摩斯（Skyler Moss）曾指出：「傳統的行銷團隊和內容已經消失，銷售和行銷之間的界限將會變得愈來愈模糊，直到兩者融合為一體。到了 2022 年的時候，內容行銷將會進化成為內容銷售。」

　　眾所周知，內容行銷主要用來傳遞有用的資訊，並且在潛移默化中達到銷售的目的。在本書的相關章節中，我已經為您詳細解說過內容行銷的用處與價值──包括：它的真正意涵？如何產製對目標受眾有用的內容？以及，內容行銷可以怎麼幫助我們推動業務目標與連結銷售？

　　根據美國內容行銷協會的調查，早在 2016 年的時候，就有超過九成的美國企業決定轉向內容行銷。愈來愈多的公司計畫

與內容行銷人員攜手合作，並在未來幾年跟上快節奏的數位世界一起狂歡。不誇張地說，這個世界上許多令人稱羨的傑出企業，像是蘋果、樂高、愛迪達、可口可樂或是臺灣本地的綠藤生機、Pinkoi、全聯福利中心、蝦皮購物和故宮精品等廠商，都已經開始運用內容行銷的模式和客戶進行溝通了！

我相信，現在正在閱讀本書的您，一定也想跟上這股風潮和趨勢吧？

本書已經進入尾聲，感謝您的一路相伴。看到這裡，我相信您一定能夠理解：對於耳聰目明的消費者來說，他們固然討厭無聊轟炸的廣告，卻很期待業者可以提供有關產品和服務銷售的關鍵訊息。除此之外，內容行銷可以協助企業組織建立信任感，當您分享的有用資訊愈多，用戶也就愈了解您，自然就會產生信任關係。儘管信任感的建立需要一段時間的積累，但建立之後卻能夠驅動目標受眾，讓他們自動轉變為您或貴公司的客戶。

還有一點想要跟您分享，用心創建各種具有獨特觀點與價值主張的內容，不只是有利於推動內容行銷，更能夠協助您在眾人面前奠定專業形象與權威。當有更多人透過您來掌握產業情報，或是藉此搜集與產品、服務銷售有關的更多資訊時，您將自然成為特定行業內可靠的訊息來源。

透過內容行銷的協助，不但可以幫助企業建立品牌意識和吸引新客戶，更能夠協助潛在用戶做出購買決策。特別是資訊性的內容，相當受到大家的喜愛，也有助於目標受眾能夠做出明智的

決策。所以，只要您用心創建足以詮釋產品、服務價值與優勢的相關內容，自然可以帶動業績的成長。

整體而言，內容行銷不只是行銷人習慣掛在嘴邊的流行關鍵字或時尚、潮流的產物，無論您身處 B2B 或 B2C 產業，若能透過各種內容平臺和社群媒體來傳遞優質內容，不但可以撙節廣告預算和行銷成本，協助達成銷售目的，更可以有效統合貴公司內部的資源。

當內容行銷儼然成為當今行銷領域的一門顯學時，自然也會有愈來愈多的企業、組織開始加入產製優質內容的行列。再換個角度來看，針對許多大企業或知名品牌商都開始建構無比強大的內容行銷業務團隊的這件事，也就不會讓人感到意外了！

根據 Econsultancy 和 Adobe 這兩家公司合作推出的《2018年數位趨勢報告》[2] 指出，即時提供個性化體驗是數位行銷專業人士最能夠激動人心的契機。隨著內容行銷的迅速迭代與持續發展，將內容轉化為對目標受眾有意義的體驗與經驗，不僅僅有助於各家企業、組織推動消費和銷售，更能夠貼近人心……而這一切的努力與箇中的脈絡發展，也會是數位行銷領域未來的重要趨勢之一。

對世界各地的企業、組織來說，產製優質內容可以說是一件刻不容緩的事情——投入內容行銷的意義，當然不只是經營官方網站、部落格和社群媒體，並藉此提供有用的資訊而已，更必須能夠從廣大消費者的角度出發，進而為眾人的生活福祉與使用體

驗做出巨大貢獻。

　　嗯，現在就讓我們一起來從事內容行銷吧！如果您有任何的問題，或是需要相關的協助，都歡迎您透過「內容駭客」網站與我聯繫。

　　我是 Vista，期待在內容行銷的道路上與您同行！

參考資料
掃描右側 QR code，查找資源更方便！

CHAPTER 1

1. 內容行銷協會官網：https://contentmarketinginstitute.com/
2. 維基百科（英）－內容行銷：https://en.wikipedia.org/wiki/Content_marketing
3. 米其林指南英文官網：https://guide.michelin.com/en
4. What Is Content Marketing？：
   https://contentmarketinginstitute.com/what-is-content-marketing/
5. 《內容的力量》博客來連結：https://goo.gl/VJit7n
6. 1000 Songs in Your Pocket：
   https://theipodrenaissance.wordpress.com/1000-songs-in-your-pocket/
7. 銦鑭居家料理小教室 FB：https://www.facebook.com/hanahomefood/
8. 黃聖凱 YouTube 頻道：
   https://www.youtube.com/channel/UC52GlWmRR2t3YqtGrKJeZkQ
9. 486 先生 FB：https://www.facebook.com/KK486/
10. 律師娘講悄悄話 FB：https://www.facebook.com/lawyerwife/
11. 《說好的幸福呢？》博客來連結：https://goo.gl/vinbeB
12. 93% OF ONLINE EXPERIENCES BEGIN WITH A SEARCH ENGINE：
    http://www.wsidigitalmoxie.com/online-experience-search/
13. 2016 Benchmarks, Budgets,and Trends—North America：
    https://contentmarketinginstitute.com/wp-content/uploads/2015/09/2016_B2B_
    Report_Final.pdf
14. 維基百科－搜尋引擎最佳化：https://zh.wikipedia.org/wiki/ 搜尋引擎最佳化
15. CONTENT MARKETING AND DISTRIBUTION Survey Summary Report：
    http://ascend2.com/wp-content/uploads/2017/06/Ascend2-Content-Marketing-
    and-Distribution-Report-170612.pdf
16. 尼爾・巴德爾官網：https://neilpatel.com/
17. Why SEO Is Actually All About Content Marketing：

https://neilpatel.com/blog/seo-is-content-marketing/

18. Topic Clusters: The Next Evolution of SEO：
    https://blog.hubspot.com/news-trends/topic-clusters-seo

19. Line@ 漲價哀嚎一片！許禾杰：
    每個企業都該擁有自己的 DMP：https://www.thenewslens.com/article/114211

20. 《閃電式開發》閱讀與聽講心得：強化解決問題的能力，方能站在風口上贏得市場：
    https://www.contenthacker.today/2019/02/xdite-blitz-developing.html

21. Task: AARRR (Startup Metrics)：
    http://startitup.co/guides/374/aarrr-startup-metrics

22. Why Focusing Too Much on Acquisition Will Kill Your Mobile Startup：
    https://mobilegrowthstack.com/why-focusing-on-acquistion-will-kill-your-mobile-
    startup-e8b5fbd81724

23. Reforge 官網：https://www.reforge.com/

24. 布萊恩·巴爾福個人官網：https://brianbalfour.com

25. 內容行銷的簡單策略：https://www.hbrtaiwan.com/article_content_AR0004882.html

26. 美國行銷學會官網：https://www.ama.org

27. 維基百科－行銷管理：https://zh.wikipedia.org/wiki/ 行銷管理

28. B2B Content Marketing 2019: Benchmarks, Budgets, and Trends—North America：
    https://www.slideshare.net/CMI/b2b-content-marketing-2019-benchmarks-
    budgets-and-trendsnorth-america

29. Content Marketing Infographic：
    https://www.demandmetric.com/content/content-marketing-infographic

30. Powering Content Marketing And Creative By Leveraging The Power Of Big Data：
    https://www.forbes.com/sites/forbesnonprofitcouncil/2017/12/22/powering-
    content-marketing-and-creative-by-leveraging-the-power-of-big-data/

CHAPTER 2

1. The Website Migration Guide: SEO Strategy, Process, & Checklist：
   https://moz.com/blog/website-migration-guide

2. Canva 官網：https://www.canva.com/

3. Piktochart 官網：https://piktochart.com/

4. The Most Effective Content Marketing Tool Your Strategy May Be Missing：

參考資料

https://www.forbes.com/sites/forbesagencycouncil/2017/06/27/the-most-effective-content-marketing-tool-your-strategy-may-be-missing/

5. Slideshare 官網：https://www.slideshare.net/
6. LinkedIn 官網：https://www.linkedin.com
7. 91% of B2B Professionals Say Webinars Are Their Preferred Type of Content：https://www.searchenginejournal.com/91-of-b2b-professionals-say-webinars-are-their-preferred-type-of-content/309905/
8. Zoom 官網：https://zoomnow.net/
9. 維基百科－目標受眾：https://zh.wikipedia.org/wiki/ 目標受眾
10. 馬雲已經成為中國首富了，當年的十八羅漢呢？：https://36kr.com/p/215495
11. Google Analytics 官網：https://analytics.google.com/

CHAPTER 3

1. 維基百科－哈羅德・拉斯威爾：https://zh.wikipedia.org/wiki/ 哈羅德·拉斯威爾
2. 秦振家個人 FB：https://www.facebook.com/guruchin
3. Contently 官網：https://contently.com/

CHAPTER 4

1. 維基百科－靈感：https://zh.wikipedia.org/wiki/ 靈感
2. Evernote 中文官網：https://evernote.com/intl/zh-tw/
3. Quip 官網：https://quip.com/
4. Trello 官網：https://trello.com/
5. Notion 官網：https://www.notion.so/
6. Google 搜尋趨勢：https://trends.google.com/trends/?geo=US
7. DailyView 網路溫度計：https://dailyview.tw/
8. FB 專頁儀表板：https://page.board.tw/
9. Google 快訊：https://www.google.com.tw/alerts
10. 賽斯・高汀 FB：ttps://www.facebook.com/sethgodin/
11. 蓋瑞・范納洽 FB：https://www.facebook.com/gary/
12. 盧希鵬教授 FB：https://www.facebook.com/happy88.lu
13. Motive 商業洞察：https://www.facebook.com/MotiveBusiness/

14. 品牌行銷學：https://www.facebook.com/branding.tw/
15. 臺灣電子商務創業聯誼會：https://www.facebook.com/tesa.today/
16. Inside 硬塞的網路趨勢觀察：https://www.facebook.com/cyberbuzz/
17. 社群丼 Social Marketing Don：https://www.facebook.com/groups/IB.fanpage.club/
18. TeSA 台灣電子商務創業聯誼會：
    https://www.facebook.com/groups/taiwan.ecommerce/
19. 行銷部落：https://www.facebook.com/groups/MarketingTribe/
20. 社群媒體經理互助會社：https://www.facebook.com/groups/pageadmin.tw/
21. Digital Marketing Connect：https://www.facebook.com/groups/260479834863211/
22. Eagle 中文官網：https://tw.eagle.cool/
23. Kristina Halvorson 官網個人簡介：
    https://www.contentstrategy.com/kristina-halvorson
24. Kristina Halvorson 對「內容策略」的想法：
    https://alistapart.com/article/thedisciplineofcontentstrategy/
25. Google 新聞：https://news.google.com
26. Zest 官網：https://zest.is/
27. 綠角財經筆記 FB：https://www.facebook.com/GreenHornFans/
28. 安納金 國際洞察 FB：https://www.facebook.com/anakin.global/
29. 阿格力（許凱迪）的生活投資學 FB 社團：
    https://www.facebook.com/groups/504069049975458/

CHAPTER 5

1. 綠藤生機官網：https://www.greenvines.com.tw/
2. 愛康衛生棉 FB：https://www.facebook.com/icon99/
3. 維基百科（英）－共創：https://en.wikipedia.org/wiki/Co-creation
4. CC0 圖庫網站 Unsplash：https://unsplash.com/
5. CC0 圖庫網站 Pexels：https://www.pexels.com/
6. 《一次搞懂標點符號》博客來連結：http://bit.ly/33Cga82
7. Netflix 的首頁，就是絕佳的銷售頁範例：https://www.netflix.com/tw/
8. 維基百科－一般資料保護規範：https://zh.wikipedia.org/wiki/ 歐盟一般資料保護規範
9. 維基百科（英）－ A/B testing：https://en.wikipedia.org/wiki/A/B_testing
10. Radicati Group 官網：https://www.radicati.com/

11. Email Statistics Report, 2018–2022：
    https://www.radicati.com/wp/wp-content/uploads/2018/01/Email_Statistics_
    Report,_2018-2022_Executive_Summary.pdf
12. 平野友朗的公司官網：http://www.sc-p.jp/
13. 李奧·貝納的公司官網：https://leoburnett.com/
14. 蘇·赫許可維茲寇爾個人官網：https://speakersue.com
15. 《廣告時代》（AdAge）介紹約翰·凱普斯的文章：
    https://adage.com/article/adage-encyclopedia/caples-john-1900-1990/98561
16. Retention Science 官網：https://www.retentionscience.com/
17. Study: Keep Subject Lines At 6 To 10 Words Or Try A Song Lyric To Lift Email
    Open Rates：
    https://marketingland.com/study-email-marketing-subject-lines-6-10-words-
    deliver-highest-open-rates-75272
18. BlueHornet 的官方 Twitter：https://twitter.com/bluehornetemail
19. 《2015 年電子郵件行銷的客戶觀點》：
    https://www.digitalriver.com/wp-content/uploads/sites/8/2015/08/2015-
    Consumer-Views-of-Email-Marketing.pdf

CHAPTER 6

1. 自品牌訓練營活動介紹頁面：http://ibranding.today/
2. 打造我的個人品牌活動介紹頁面
   https://www.contenthacker.today/2019/03/branding-yourself.html
3. 美國行銷學會官網：https://www.ama.org/
4. 菲利普·科特勒個人官網：http://www.philkotler.com/
5. 維基百科－品牌：https://zh.wikipedia.org/wiki/ 品牌
6. 湯姆·畢德士個人官網：https://tompeters.com/
7. 〈你就是品牌〉：https://www.fastcompany.com/28905/brand-called-you
8. 《一人公司》博客來連結：http://bit.ly/32qH7LE
9. 提摩西·費里斯的專訪：
   https://99designs.com/blog/business/tim-ferriss-how-to-build-a-brand-asktimf/
10. 一談就贏 鄭志豪的談判教室：http://negotowin.blogspot.com/
11. 阿滴英文 YouTube 頻道：

https://www.youtube.com/channel/UCeo3JwE3HezUWFdVcehQk9Q

12. 百萬訂閱知識型 YouTuber　阿滴：只要態度正確，全世界都會幫你學：
https://www.cw.com.tw/article/article.action?id=5092739

13. YouTuber 阿滴：成功不是意外 而是種累積！：
https://www.taiwanjobs.gov.tw/internet/index/docDetail_frame.aspx?uid=1384&pid=16&docid=33558

14. Taker Wu 官網個人簡介：https://15days.website/about

15. 網頁 15 天官網：https://15days.website/

16. 方道楓律師的部落格：https://pivotlaw.tw/

17. WordPress 英文官網：https://wordpress.org/

18. 維觀點：https://webbiz.tw/

19. Carrie Zheng 的官網：https://carrielis.com/

20. Matters 上福澤喬的專訪：https://matters.news/@hi176/
寫作者 – 檔案 –003– 福澤喬 – 安排寫作計畫 – 每天該寫什麼就得寫 –zdpuB11xKxhaCau
G8ArYVY819pm2pziH75SsDLyaNsnyjLzS1

21. 福澤喬 FB：https://www.facebook.com/fukuzawa

22. 福澤喬的 Medium：https://medium.com/@joelhu/

23. GoDaddy 臺灣官網：https://tw.godaddy.com/

24. Namecheap 官網：https://www.namecheap.com/

25. Gandi 中文官網：https://www.gandi.net/zh–hant

26. PChome Online 買網址：http://myname.pchome.com.tw/

27. 亞太 e 管家：https://emanager.aptg.com.tw/konakart/Welcome.action

28. 內容駭客講座：https://www.contenthacker.today/p/lecture.html

結語

1. "Content is King" — Essay by Bill Gates 1996：
https://medium.com/@HeathEvans/content–is–king–essay–by–bill–gates–1996–df74552f80d9

2. Econsultancy 和 Adobe 合作推出的《2018 年數位趨勢報告》：
https://wwwimages2.adobe.com/content/dam/acom/au/landing/DT18/Econsultancy–2018–Digital–Trends.pdf

國家圖書館出版品預行編目（CIP）資料

內容感動行銷 ： 用FAB法則套公式，「無痛」 寫出超亮
點！/ 鄭緯筌著. -- 初版. -- 臺北市：方言文化, 2019.11
面； 公分
ISBN 978-957-9094-45-0(平裝)

1.網路行銷 2.行銷策略

496   108016857

內容感動行銷

用 FAB 法則套公式，「無痛」寫出超亮點！

作　　者　　鄭緯筌（Vista Cheng）

副總編輯　　黃馨慧
責任編輯　　邱昌昊
版 權 部　　莊惠淳
業 務 部　　古振興、葉兆軒、林子文
企 劃 部　　顏佑婷、方億玲
管 理 部　　蘇心怡、張淑菁

封面設計　　張天薪
內頁設計　　李偉涵

出版發行　　方言文化出版事業有限公司
劃撥帳號　　50041064
電話/傳真　　（02）2370-2798／（02）2370-2766

定　　價　　新台幣320元，港幣定價106元
初版一刷　　2019年11月6日
I S B N　　978-957-9094-45-0

方言文化